你的善良
必须有点锋芒

慕 ◎ 编著

山东人民出版社·济南

国家一级出版社 全国百佳图书出版单位

图书在版编目（CIP）数据

你的善良必须有点锋芒/赵路坦编著.--济南：山东人民出版社，2019.8 （2023.3重印）

ISBN 978-7-209-12172-9

Ⅰ．①你… Ⅱ．①赵… Ⅲ．①人生哲学－通俗读物 Ⅳ．①B821-49

中国版本图书馆CIP数据核字(2019)第151820号

你的善良必须有点锋芒

NI DE SHANLIANG BIXU YOUDIAN FENGMANG

赵路坦　编著

主管单位　山东出版传媒股份有限公司
出版发行　山东人民出版社
出 版 人　胡长青
社　　址　济南市市中区舜耕路517号
邮　　编　250003
电　　话　总编室（0531）82098914
　　　　　市场部（0531）82098027
网　　址　http://www.sd-book.com.cn
印　　装　三河市金兆印刷装订有限公司
经　　销　新华书店

规　　格　32开（880mm×1230mm）
印　　张　5
字　　数　117千字
版　　次　2019年8月第1版
印　　次　2023年3月第3次
印　　数　20001-50000
ISBN 978-7-209-12172-9
定　　价　36.80元
　　　　　如有印装质量问题，请与出版社总编室联系调换。

不管人也好，树也好，越想花枝招展，就越要往泥土里钻。往地下钻是痛苦孤独的，但只有这样才能蓄积养分。

——汪涵 ◀

我还有很多路要走，我不知道我要走到哪里，也不知道能走多远。但我想，心有多远，脚下的路就有多远。

——李娜 ◀

永远不要跟别人比幸运，我从来没想过我比别人幸运，我也许比他们更有毅力，在最困难的时候，他们熬不住了，我可以多熬一秒钟、两秒钟。

——马云 ◀

世界上唯一可以不劳而获的就是贫穷，唯一可以无中生有的就是梦想。世界虽然残酷，但只要你愿意走，总会有路。

——刘强东 ◀

有的人生活在晚上十点，因为他留在昨天；有的人生活在凌晨两点，他必将迎接未来。同样是伸手不见五指，但这就是区别。

——罗振宇 ◀

当你的才华还撑不起你的野心的时候，你就应该静下心来学习；当你的能力驾驭不了你的目标时，就应该沉下心来历练。

——莫言 ◀

同窗赠言

前途比现实重要，希望比现在重要。我们没有预见未来的能力，也没有洞穿世事的眼力，但至少我们有努力让自己变得更好，去迎接考验的学习力。

——中国人民大学 田恺 ◀

自信，使不可能成为可能，使可能成为现实。不自信，使可能变成不可能，使不可能变成毫无希望。读这套励志书，不是喝鸡汤，其实是给自己的自信心加油。

——上海交通大学 李莉敏 ◀

没有目标就没有方向，每一个阶段都要给自己树立一个目标。这会让你的青春时光过得更有价值，让你以后的人生更有价值。当我们失落迷茫时，不如读读这本书，它将是一位集解压、启迪、倾听、陪伴多种功能的好伙伴。

——河北大学 周政均 ◀

青春，一个被赋予太多憧憬与希望的词汇。在很多人眼里，青春如火，燃烧着激情与活力；青春如花，绽放智慧和希望。如何让青春绽放光彩，我分享给朋友们的方法是——与好书同行，与优秀的人同行。

——南开大学 秦冲 ◀

一本书，不能让所有的人在所有的时间受益，但可以让特别的人在特别的时间受益。

——**林肯**

目录
Contents

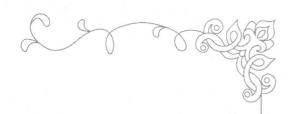

PART 01

你现在回过头，
去看看自己是不是懦弱

在这个世界上，有很多人生活得不如意，这是事实；在这个世界上，有很多人追求成功，这也是事实。然而，这部分生活不如意的人怎么能够在追求成功的道路上取得成功呢？

俗话说得好：心态改变一个人的命运，有什么样的心态，就有什么样的人生。用良好的心态，来滋润心灵深处的花园，畅想青春的乐章。

　　人生有两种悲剧：一种是没有得到你心里想要的东西，另一种是得到了。

——［爱尔兰］萧伯纳

感恩心态，读懂生命的真谛

英国作家萨克雷说过："生活就是一面镜子，你对它笑，它也对你笑；你对它哭，它也对你哭。"送人玫瑰，手有余香。无论生活还是生命，都需要感恩。你感恩圣火，圣火将赐予你灿烂阳光。你怨天尤人，最终可能一无所有。

常怀感恩之心，就是对世间所有给予我们帮助的人表示感激，并铭记在心。只要我们常怀感恩之心，相信会有所收获。

青少年在以后的成长道路上，要常怀感恩之心，才能读懂生命的真谛。

"谁言寸草心，报得三春晖。"父母给了我们生命，我们对父母要常怀感恩之心，是他们让我们来到了这个充满色彩的世界，让我们看到了世界的真善美。

> ｜智｜慧｜心｜语｜
>
> 生活赋予我们一种巨大的和无限高贵的礼品，这就是青春：充满着力量，充满着期待、志愿，充满着求知和斗争的志向，充满着希望、信心。
>
> ——[苏联]奥斯特洛夫斯基

从早上起来的一杯热腾腾的牛奶，到一年四季被子床单的换洗，我们应该心存感激，应该感谢上天给了自己那么好的父母，感谢父母给了自己健康的身体和一个完整的家。

老师给了我们知识，我们对老师要常怀感恩之心。是老师帮我们开启了知识的大门，是老师让我们懂得了在生活中如何对别人的帮助说一声"谢谢"，是老师让我们明白了受到别人的恩惠当涌泉相报，是老师从青丝到白头在三尺讲台上教书育人。他们最大的心愿就是学生个个有出息。学生能常怀感恩之心，就有了积极向上的学习动力。

朋友给了我们友谊，我们对朋友要常怀感恩之心。朋友能与你患难与共，在你最困难的时候，朋友能千方百计帮你，给你"打气"、给你信心，助你跨过学习上各种各样的障碍物。朋友的情谊让我们终生难忘。

只有懂得感恩，内心才会更充实，头脑才会更理智，眼界才会更开阔，人生才会赢得更多的幸福。

懂得感恩的人，是勤奋而有良知的人；懂得感恩的人，是聪明而有作为的人。

有这样一个有趣的故事：有一次，罗斯福总统家被盗，偷去了不少东西，朋友们纷纷写信安慰他。

罗斯福却说："我得感谢上帝，因为贼偷去的是我的东西，而没有伤害我的生命；贼只偷去我的部分东西，而不是全部；最值得庆幸的是，做贼的是他而不是我。"

谁会想到，一件不幸的事，罗斯福却找到了三条感恩的理由。这个故事，可以说将感恩的美丽展示得淋漓尽致了。

感恩是积极向上的思考和谦卑的态度，是自发性的行为。一颗感恩的心，就是一粒和平的种子，因为感恩不是简单的报恩，它是一种责任、一种自立、一种自尊，也是一种追求阳光人生的精神境界！感恩是一种处世哲学，感恩是一种生活智慧，感恩更是学会做人、成就阳光人生的支点。

从成长的角度来看，心理学家们普遍认同这样一个规律：心改变，态度就跟着改变；态度改变，习惯就跟着改变；习惯改变，性格就跟着改变；性格改变，人生就跟着改变。

愿感恩的心改变我们的态度，愿诚恳的态度带动我们的习惯，愿良好的习惯升华我们的性格，愿健康的性格收获我们美丽的人生！

感恩之心，是人类情感中至真至纯的芬芳美酒。我们要常怀感恩之心，无论你贫穷还是富有，无论你身边顺境还是逆境，无论你成功还是失败。常怀感恩之心，在你闪烁着感激的泪光中，花儿般灿烂怒放的将是一个春光荡漾的美妙世界！

当你口渴时，爸爸给你递上一杯水，你是否感谢过他呢？当你烦恼时，向妈妈倾诉自己的苦恼，妈妈耐心地听完并教导你，你又是否感激过她呢？常怀着感恩的心，更能接收到关怀与帮助。你给予的越多，你获得的越多，不是吗？

只要你付出了，就会有收获，付出与收获的规律就这么简单：想要获得快乐，你就必须给予快乐；想要获得爱，你就必须给予爱；想要获取财富，你就必须给予财富。

经历苦和痛苦，从而有快乐的生活。一位作家曾说过：我们满怀感恩之情，不仅仅是索取，而且，必须给予，用给予来表达我们的感激之情，是的，大自然是不断循环和流动的。

不要总记着生活给你开的某个玩笑，不要总想着这个社会如何待你刻薄。

如果你总觉得不满足、亏得慌，心怀怨恨不满，你就会愈加变得小肚鸡肠、牢骚满腹，你就会对生活失去信心，还会失去健康，以致孤苦伶仃，憔悴不堪，那么快乐和幸福只有永远与你行进在不同的水平线上。

只要我们常怀感恩之心，人生便没有什么不幸会让你永久地湮没在痛苦的海洋中。世间的纷争，生活的烦恼，永远也不会屏蔽我们心中发出的淡泊而宁静的妙音。

执着心态，滴水可以穿石

执着会有什么结果呢？大概也就两种吧：一种是得到你所想要的，欣然而归，倍感快活；另一种是什么也没得到，浪费了时间、精力和情感。

这两种没有好坏之分，主要看个人心态。如果你是个在意结果大于过程的人，那第一种最好了。如果你是个对结果看得很淡的人，那么你也会很坦然地对待第二种情况。

很多青少年都知道滴水穿石的故事，意在告诉青少年朋友们，只要坚持、执着，没有完不成的事情，没有实现不了的梦想。

现在的有些青少年，做事情时都是漫无目的的，而且三心二意。更可怕的是，对什么事情都是"三分钟"热度，没有善始善终地把它完成过，继而产生烦躁的心理，这样下去将会影响他们的人生发展。

智 | 慧 | 心 | 语

青春是美好人生中最富色彩、最具活力的年华。

——[科威特] 穆尼尔·纳素夫

我国古代思想家老子所著的《道德经》揭示出这样一个深刻的辩证法思想："合抱之木，生于毫末；九层之台，起于垒土；千里之行，始于足下"。这种辩证的思维，至今对于我们仍有启迪。他告诉我们：任何事情都是从微小处萌芽，都是从头开始的，只有知难而进，不断地努力才能获得成功。

彼得和罗威尔一同去找工作。

有一天，当两个人正在大街上行走的时候，他们俩同时发现地上有一枚硬币，彼得看也不看就走了过去，罗威尔却激动地将它捡了起来。

这时，彼得对罗威尔的举动露出鄙夷之色。连一枚硬币也捡，真没出息！罗威尔望着远去的彼得，心中感慨：让钱从身边白白地溜走，真不应该！

后来，两个人同时进了一家公司。公司很小，工作很累，工资也低，彼得不屑一顾地走了，罗威尔却高兴地留了下来。

两年后，两个人又在街上相遇，罗威尔已成了一个小老板，而彼得还在寻找工作。彼得对此无法理解："你怎么能如此快地发财了呢？"罗威尔说："因为我不会像你那样绅士般地从一枚硬币上走过去，我会珍惜每一分钱，而你连一枚硬币都不要，怎么会发财呢？"

这个例子意在告诉青少年朋友，金钱的积累是从"每一枚硬币"开始的，而大家奋斗的目标也应从一点一滴的积累开始。如果没有这种心态，就不能达到自己所期望的目标；如果追求过高的目标，结果往往是浪费了时间，还影响自己的心情。

因此，大家要学会积累，善于积累，不要操之过急。一定要从一点一滴做起，着急丝毫不起作用。正确的做法是保持一颗"平常心"，这样才能积极而又稳步持久地发展。

然而，积累并不是一朝一夕能完成的，它是一项长期而又费力的工作。学会积累有利于我们的学习、工作和生活。你积累的知识多了，在学习中就有了头绪；你积累的知识多了，在工作中就可以事半功倍、得心应手；你积累的知识多了，与人沟通交流时就有了话题。

这样，会使你越来越有自信。成功的桂冠，正等着你。可见，积累与我们的生活息息相关、密不可分。

反之，如果你不去积累，做任何事只会徒增自卑感，慢慢失去信心，萎靡不振，最后一事无成。

专注能够创造奇迹，专注有点石成金、化腐朽为神奇的力量。专注是指一个人的注意力高度集中于某一事物的能力，注意力的集中与否直接关系到青少年的学业好坏和他以后的事业成功与否。

古人云："欲多则心散，心散而志衰，志衰则思不达。"是啊，人的精力毕竟是有限的，往往穷尽全力，也难以掘得真金。所以，人们要专注于一件事情，而不要求多。对于青少年朋友来说，这是更为重要的，应该时时保持专注。

杜邦公司创始人伊雷尔，身材不高，相貌平平，对于学习和工作有股近于痴迷的专注劲儿。小时候在法国，家境还很宽裕的时候，他受拉瓦锡的影响，对化学着了迷，对"肥料爆炸"的事尤其感兴趣。拉瓦锡喜欢这个安安静静的孩子，把他带到自己主管的皇家火药厂玩，教他配制当时世界上质量最好的火药。

若干年后，他们全家人为逃离法国大革命的血雨腥风，漂洋过海来到美国。他的父亲在新大陆上尝试过七种商业计划——倒卖土地、货运、走私黄金……全都失败了。年轻的伊雷尔开始苦苦思索着振兴家业的良策。他认识到，战乱期间，世界上最需要的就是火药，并立志凭借以前的知识积累成为美国最好的火药商。

后来，他就靠着这股专注劲儿，克服了许多困难，把火药厂办了起来，成就了举世闻名的杜邦公司。

坚持就是力量。人们都会信任一个坚韧不拔、意志坚定的人。不管他做什么事情，还没有做到一半，人们就知道他一定会赢。因为每一个人都知道，他一定会善始善终。人们知道他是一个把前进路上的绊脚石作为自己上升阶梯的人，是一个从不惧怕失败的人，是一个从不惧怕批评的人，是一个永远坚持目标，永不偏航，无论遇到什么样的狂风暴雨都镇定自若的人。

包容心态，做个心胸开阔的人

人们常说，世界上最宽阔的是海洋，比海洋更宽阔的是天空，比天空更宽阔的是人的胸怀。人活着，聪明也好，愚蠢也罢；有才也好，无才也罢；重要的是要有一颗"包容心"。有了包容，人生自然就会多出许多快乐。正如一位叫苏畅斌的作家所说，一个人的成就决不会超过他的心理宽度！因此，我们必须牢记：一个人的心有多大，他的舞台就会有多大！我们在这个复杂的社会上要想获得更多的智慧、更大的成功，必须有一个最基本的品质，那就是包容心。

包容是人类的美德，是人类最为宝贵的品质。包容是文明的标志、文明的成果，也是文明的成因。有一颗包容世间万物的心是美好心态的表现，也是每个人最需要加强的修养之一。乐观、上进、包容是分不开的。眉间放一个"容"，不但自己轻松自在，别人也会跟着舒服自然。因此，在人生的舞台上，青少年应怀着包容的心态，方能茁壮成长。

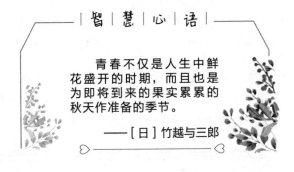

| 智 | 慧 | 心 | 语 |

青春不仅是人生中鲜花盛开的时期，而且也是为即将到来的果实累累的秋天作准备的季节。

——[日]竹越与三郎

美国第二任总统亚当斯与第三任总统杰弗逊从交恶到包容，就是包容的一个生动而又成功的例子。杰弗逊在就任前夕，到白宫去告诉亚当斯，说他希望针锋相对的竞选活动并没有破坏他们之间的友情，在杰弗逊未来得及开口时，亚当斯便咆哮起来："是你把我赶走的！"二人的友情自此破裂，中止交往达11年之久。直到后来杰弗逊的几个邻居探访亚当斯时，这个坚强的老人仍在诉说那件难堪的往事，但接着脱口而出："我一向喜欢杰弗逊，现在仍然喜欢他。"邻居把这话传给了杰弗逊。

杰弗逊也不计前嫌，他主动请了一位彼此皆熟的朋友传话，让亚当斯也知道了他的心里话。后来亚当斯回了一封信给他，两人从此开始了书信往来。也正是因为彼此有一颗包容的心，他们才能成为朋友。

包容是坚强的表现，而不是软弱。包容是以退为进、积极地防御。包容所体现出来的退让是有目的、有计划的，主动权掌握在自己手中。无奈和迫不得已不能算包容。包容的最高境界是对众生的怜悯。

包容就是在别人和自己意见不一致时也不要勉强对方接受自己的意见。从心理学角度，任何的想法都是有其来由的，任何的动机都有一定的诱因。了解对方想法的根源，找到对方意见提出的基础，提出的方案才更能够契合对方的心理而得到接受。

消除阻碍和对抗是提高效率的唯一方法。每个人都有自己对人生的看法和体会，我们要尊重他们的意见和看法，积极汲取其中的精华，学会包容。

学会包容别人，就是学会善待自己。怨恨只能永远让我们的心灵生活在黑暗之中；而包容，却能让我们的心灵获得自由，获得解放。学会包容，拥有一颗包容之心，这不仅是人生的一种态度，更能让你自主地驾驭大脑生命中枢，在风雨人生的历练中不断地超越自我，变得更加强大！

"不积跬步，无以至千里；不积小流，无以成大海。"宇宙之所以广阔，是因为它能包容璀璨繁星；地球之所以神奇，是因为它能包容寄居在它身上的物种；人类之所以伟大，是因为有一颗包容的心。

人生在世，难免经历一些风风雨雨、坎坎坷坷，怎样活得痛快，活得潇洒，也是每个人必须面临的一个问题。其实，只要有一颗包容的心，许多问题和困难就可以迎刃而解了。

大海因为包容了条条溪流而广阔无边，高山因为包容了石子、泥土而雄伟博大。生活的空间，说大也大，说小也小，就看一个人有没有包容的胸怀大小了。

刘备去世以后，蜀国丞相诸葛亮准备北伐中原。当时蜀国南部，就是云南贵州交界处，少数民族的大酋长孟获发动叛乱，诸葛亮决定亲自领兵平息叛乱，先解除这个后顾之忧。有人建议，派一员大将南下足以消灭孟获，丞相就不必深入那"不毛之地"了。但是诸葛亮考虑得更长远，他要对孟获恩威并施，以收服人心。

第一次战斗，蜀军在诸葛亮的指挥下逮住了孟获。当士兵押孟获进营时，诸葛亮亲自给他松绑，还叫人摆酒席款待他。第二天，诸葛亮陪他参观蜀军营地后，问孟获："我们的军营怎么样？"孟获不仅不赞扬，反而说："不过如此。以前我不知道你的虚实，所以战败了。现在我看到了你们的部署，如果放我回去，再战定能战胜你们。"诸葛亮笑着，把孟获放走了。几天后，孟获果然带兵来挑战，结果又战败被俘。孟获还是不服输，诸葛亮又放了他。

孟获又连续和诸葛亮一战再战，一连打了七次，被擒七次。最后一次，孟获又被押解到蜀军营帐。士兵传下诸葛亮的将令说：丞相不愿意再见孟获，下令放孟获回去，让他整顿好人马，再来决一胜负。孟获想了很久说："七擒七纵，这是自古以来没有过的事情，丞相已经给了我很大的面子，我虽然是一介武夫，但也懂得做人的道理，怎么能那样不给丞相面子呢！"说完跪在地上，流着眼泪说："丞相天威，我们再也不反叛了！"诸葛亮很高兴，赶紧把孟获搀扶起来，请他入营帐，设宴招待，最后客客气气地把孟获送出营门，让他回去。

自那之后，孟获死心塌地归顺蜀汉，直到诸葛亮死后，他都没有叛乱。这在客观上为蜀汉出兵中原扫清了后顾之忧，而且对西南少数民族的生活安定和经济发展有很大的促进作用。

宽容是一份接纳。海纳百川，不计前嫌，以博大的胸怀包容一切。只有能接纳世界的人才能得到世界，那些成功人士所以能成就大业，原因就在于他们懂得宽容。

诚信心态，为人谋事之本

有人说："如果你失去了金钱，你只失去了小半；如果你失去了健康，那么你就失去了一半；如果你失去了诚信，那么你就一贫如洗。"诚信是民族的美德，诚信是企业的资本；诚信是交际的准则，诚信是人生的通行证。青少年朋友一定要握好诚信这张人生的通行证，拥有了它，你才能在以后的人生路途中畅通无阻。

古往今来，"诚实"便是英雄们惺惺相惜、成就大业的根本。无论儒法，还是老庄，"诚实"总是作为君子最重要的美德出现的。古书上处处写着君王以诚治国、诸侯以诚得士的故事。信陵君正因诚实得到侯嬴，抗秦救赵，名扬四海；刘皇叔正因诚信打动了诸葛孔明，三分天下，成就霸业。

而梁山上那些英雄好汉，一诺千金，因诚实两肋插刀的豪情，更被写进了才子名著，感动着千百万读书人。

| 智 | 慧 | 心 | 语 |

青春的特征是年轻活跃，有着激流般的热情和无边无际的梦想，像白雪一般的纯洁。青春确实可以说是人生的花朵、无价的珠宝。

——[日]池田大作

诚实是基石，诚实是资源，诚实更是迈向成功的阶梯。

诚实可以给青少年创造良好的内在心境；诚信可以使一个人心胸坦荡，仰不愧天，俯不愧地。

此外，大家都诚实，就能形成社会的良好环境和良好的风气，从而为茁壮成长的青少年创造条件，形成一种良性的互动。

门德尔松是德国作曲家，1829 年，他 20 岁时，第一次出国演奏，一时轰动了英国。英国女皇维多利亚在白金汉宫为门德尔松举行了盛大的招待会。女皇特别欣赏他的《伊塔尔慈》曲，对他说，"单凭这一支曲子，就可以证明你是个天才"。

门德尔松听了以后，脸红得像紫葡萄一样，局促不安地连忙告诉女皇，这支曲子不是他作的，而是他妹妹作的。

本来，门德尔松是可以将这件事隐瞒过去的，但他在荣誉面前并不想夺人之美。他觉得诚实是一个人应有的品质。

这样的事例很多，能像门德尔松那样有勇气站出来澄清的却很少。有时，一个人的品格就反映在一句话中。

一个诚实的人首先是一个诚实待己的人、一个敢于面对自我真实面目的人。这样的人能全面客观地审视自我，既不妄自尊大、自欺欺人，也不妄自菲薄、自我贬低。

俗话说："知己知彼，百战不殆。"对自己的情况了然于心，就已经成功了一半。

因为只有那些全面把握自己优点和缺点的人，才能真正了解自我成功的可能性和局限性，既不会因为他人的赞誉或阿谀奉承忘乎所以，也不会因为别人的否定或自己的一次失败而气馁。

这样的人往往会在别人惊奇的目光中从小成功走向大成功。这就是诚实所具有的特殊人格力量。

诚信，诚实又要守信。守信是人格确立的重要途径，也是人与人之间交往得以继续的前提。没有人愿意与不讲信用的人交往，只要欺骗别人一次，就永远失去了别人的信任，更谈不上别人对你的重用。

当别人知道你不可靠时，你的机会就消失殆尽。孔子说："人而无信，不知其可也。"守信是无形的"名片"，关乎一个人的形象和品质。

孔子的学生曾子，家中有一个小儿子。有一天，曾子的妻子要到集市上买东西，可是小儿子吵着也要去。他的妻子就对孩子说："你好好在家等娘，娘回来叫你爹杀猪给你吃。"

孩子不闹了。当她从集市回来时，曾子正在磨刀，准备杀猪。她急忙对曾子说，猪不能杀，我是哄孩子玩的。曾子听了，说道："大人怎能对孩子无信呢？母亲不守信用，孩子便会失信于人，答应孩子的事是不能反悔的。"曾子的妻子点头称是，和曾子一起杀了猪。

曾子深深懂得，诚实守信、说话算话是做人的基本准则，若失言不杀猪，那么家中的猪保住了，却在孩子幼小的心灵上留下不可磨灭的阴影。

有这样一句名言："这个世界上只有两样东西能引起人内心深深的震动，一个是我们头顶上灿烂的星空，一个是我们心中崇高的道德准则。"

而今，我们仰望苍穹，星空依然晴朗，而俯察内心，诚信却需要我们在心中不断被唤起。

守信是一种力量，它让卑鄙伪劣者退缩，让正直善良者强大。诚信无形，却在潜移默化中塑造无数有形之身，永不褪色。

诚信以卓然挺立的风姿和独树一帜的道德，赢得众人的信任和爱戴。

守信用作为一种传统美德，是现代人交往的"信用卡"，也是维系人与人感情的"信誉链"。有了诚信，人际交往才会变得有序和有效。

空杯心态，弯下腰去学习

心理学中有种心态叫"空杯心态"。何谓"空杯心态"？
"空杯心态"象征的意义是，做事前先要有好心态。

如果想学到更多学问，先要把自己想象成"一个空着的杯
子"，而不是骄傲自满。

空杯心态就是随时对自己拥有的知识和能力进行重整，清
空过时的知识，给新知识、新能力的进入留出空间，让自己的
知识与能力总是最新；永远不自满，永远在学习，永远在进步，
永远保持身心的活力。

在攀登者的心目中，下一座山峰，才是最有魅力的。攀越
的过程，最让人沉醉。因为这个过程充满了新奇和挑战，空杯

心态将使你的人生不断渐入佳境。

青少年要想应对时代和环境的变化，须随需应变。以变应变，要求

我们具有空杯心态。做事的前提是先要有好心态，如果想学到更多学问，提升能力，要把自己想象成"一个空着的杯子"，而不是骄傲自满、故步自封。

归零心态，其实就是一种虚怀若谷的精神。有了这种精神，人才能够不断进步，事业才能不断发展。

心态归零即空杯心态，是重新开始，我们应该不断学习、学习、再学习。而后，我们的生命才会更有价值。

在一座山庙里，住着一个老禅师和一个小沙弥。

有一天，老禅师让小沙弥用筐去装一筐东西回寺庙。不一会儿，小沙弥就回来了，筐里装满了几块大鹅卵石，老禅师问，满了吗？

小沙弥奇怪了，明明已经满了呀！但是，他不敢说话，于是背着筐又出去了。

不大一会儿，小沙弥又回到了寺庙，筐里的大的空隙填满了小鹅卵石，老禅师对他说："满了？""满了！"小沙

弥答到。

老禅师说："再去！"如此三番，小沙弥后来又在小缝隙里装了沙子，又往里面注入了一茶壶水才算交了一份答卷。

这让我们受到了很大的启发：当自己心中已装满了东西，哪里还有空间来容纳其他事物呢？

做人就像一个杯子，你不停地往杯子里倒水，杯子的容量有限，如果你不把杯子里的水倒出来，水就会溢出来。

人的思想也像一个杯子，装满了知识和想法，假如你想要学到更多的东西，就必须先把自己手中的那半杯水倒掉，真心地用一个属于自己的空杯，然后才能够真真正正地学到自己想要的东西。如果你不抛弃旧的观念，就无法接受新的东西。

我们都知道这样一个现象：如果一个杯子有些浑水，不管加多少纯净水，仍然浑浊；但若是一个空杯，不论倒入多少清水，它始终清澈如一。请时常清空我们杯中的水，以积极、开放的心态面对新事物。"善人者，不善人之师；不善人者，善人之资。"学习善者，可找出差距，弥补不足；学习不善者可以以此为鉴，减少不必要的失误，提升适应性。

所以，心态归零，是一次更高起点的重新开始，是一个人的心智走向成熟的真正标志。无论是风雨交加的日子，还是阳光灿烂的日子，只要领悟了一切归零的奥秘，你就能气定神闲，笑看人生。

在人生的道路上，我们要试着学会弯腰去学习。因为，谦卑的心态、任何事物发展的客观规律，都是波浪式前进、螺旋式上升的。所以，只有心态归零，你才能快速地成长，才能学到这个行业的很多技巧和方法。

歌德在他的叙事歌谣里讲过这样一个故事。耶稣带着他的门徒彼得远行，途中发现一块破烂的马蹄铁，耶稣就让彼得把它捡起来。不料彼得懒得弯腰，便假装没听见，耶稣没说什么，就自己弯腰捡起马蹄铁，用它从铁匠那儿换来三文钱，用这钱买了十八个樱桃。出了城，两人继续前进，经过的全是茫茫的荒野。耶稣猜到彼得渴得够呛，就故意将藏于袖中的樱桃悄悄地掉出一颗，彼得一见，赶紧捡起来吃。耶稣边走边丢，彼得也就狼狈地弯了十八次腰。于是耶稣笑着对他说："要是你刚才弯一次腰，就不会在后来没完没了地弯腰。小事不干，将来就会在更小的事情上操劳。"今天多弯腰拾起一些"小事"，或许明天，它就会在我们的怀中孵化成美丽的宝石。

类似这样的故事告诉我们，人在学习的过程中，一定要有弯腰学习的精神。无论何时何地，我们永远都应保持一颗谦卑的心！时时刻刻明白：要想获得真知，就得弯下腰去学习，而要想做到这些，就需要有谦虚的态度。

谦卑是什么？谦卑就是甘愿让对方处在重要的位置，让自己处在次要的位置。易经谦卦说：谦卑是指人因为虚心所以能进入对方的心，被别人接纳。在沟通时彼此接纳是很重要的，因此谦卑作为一种品格是非常重要的。学习既是一种行为，更是一种开放的谦卑的心态，是成功者必备的素质，要永远保持一颗谦卑的心，努力向所有身边的人和事学习。因为只有这样，我们才会学到更多、学得更好。

进取心态，激发生命的潜能

"当你消沉时，世界与你一起消沉不振；当你积极进取时，你只能孤军奋斗！"

进取心，是一种神秘的牵引力。它会牵引着我们向着目标不断努力，它不允许我们懈怠，它让我们永不停步，每当我们达到一个高度，它就会召唤我们向更高的境界努力。

拥有进取之心的人，无论承受着怎样的任务，他都会竭力把它做得尽善尽美；拥有进取之心的人，无论从事着什么样的工作，他都会力争一流，不甘落后；拥有进取之心的人，无论面临着怎样的处境，他都会尽力让自己的明天更好。

人的一生都有过这样或者那样的追求，之所以追求，从某种意义上讲，是因为你相信自己的价

| 智 | 慧 | 心 | 语 |

生命的黎明是乐园，
青春才是真正的天堂。
——［英］华兹华斯

值，不满足现状，不断进取。不断追求的动力也源于对现状的不满。当某一追求得以实现时，会感到一种快乐和欣慰，一种满足感和成就感油然而生！这就是人，这就是人生的追求！一个轮回，从起点跑到终点，又从终点回到起点。人的一生，就在不断地追求着一个个目标，又从一个个满足到一个个不满足中度过。

相信自己的价值，生命的价值首先取决于你自己的态度。这是一个心态的问题。

在一次讨论会上，一位著名的演说家没讲一句开场白，手里却高举着一张 20 美元的钞票。面对会议室里的 200 个人，他问："谁要这 20 美元？"一只只手举了起来。他接着说："我打算把这 20 美元送给你们中的一位，但在这之前，请准许我做一件事。"他说着将钞票揉成一团，然后问："谁还要？"仍有人举起手来。他又说："那么，假如我这样做又会怎么样呢？"他把钞票扔到地上，又踏上一只脚，并且用脚碾它。然后他拾起钞票，钞票已变得又脏又皱。"现在谁还要？"还是有人举起手来。"朋友们，你们已经上了一堂很有意义的课。无论我如何对待这张钞票，你们还是想要它，因为它并没有贬

值，它依旧值 20 美元。人生路上，我们会无数次被自己的决定或碰到的逆境击倒、欺凌甚至碾得粉身碎骨，我们觉得自己似乎一文不值。但无论发生什么，或将要发生什么，在上帝的眼中，你们永远不会丧失价值。肮脏或洁净、衣着齐整或不齐整，你们依然是无价之宝。生命的价值不依赖于我们的所作所为，也不仰仗我们结交的人物，而是取决于我们自身！你们是独特的——永远不要忘记这一点！"

一直深深欣赏鲁迅先生说过的一句话："不满是向上的车轮"。对，没错，如果全世界的人都安于现状、满足于现状，那社会还会发展吗？时代还会前进吗？拿破仑·希尔还告诉我们，要不安于现状，怀着一颗进取之心去创造生活，规划未来，它是一种极为难得的美德，能驱使一个人在不被吩咐应该去做什么事之前，就能主动地去做应该做的事。俗话说：知不足而上进。只有看到自己的不足，不满足于现状，才能不断上进，积极进取，奋发图强，力争上游。

昨天不等于今天，过去不等于未来。羚羊和狮子共同生活在非洲草原上，两者相比之下，弱者羚羊为了生存别无选择，只有面对现实，勇于挑战，才能获取食物，战胜对手，才能在美丽的非洲大草原上繁衍生息。

青少年朋友们，要相信自己的价值，不要满足于目前的现状，人生的价值在于不断进取，不断追求完美。

生命在成长的过程中，会因一些创伤性的经验而造成内在的扭曲和恐惧，造成种种问题无法解决。完形治疗则旨在将未完成的事件揭示出来，以期为生命找到独一无二的意义感及方向感。

每个人都想找到自己，每个人都想发现自己，每个人都想成为一个完整的自我。这就是完形，这就是人类至高无上的心灵潜能：成为一个完整的人！完形心理学的价值就在于肯定了人类的这种潜能。

有这样一个故事：一位农夫在粮仓面前注视着一辆轻型卡车快速地开过他的土地。而驾驶员正是他 14 岁的儿子。由于年纪还小，他还不能够考驾驶执照，但是他对汽车很着迷，似乎已经能够操作一辆卡车了，因此农夫准许他在农场里驾驶一下这辆客货两用车，但是不准上外面的大路。突然间，农夫眼看着卡车翻到水沟里去了，他大为惊慌，急忙跑了过去。沟里有水，而他的儿子被压在车子下面，只有一点点头部露出水面。这位农夫并不很高大，但是他毫不犹豫地跳进水沟，双手伸到车下，用尽力气把车子抬了起来。另一位跑来援助的工人才把那失去知觉的孩子从下面拽出来。当地医生很快就赶来了，给孩子检查了一遍，只有一点皮肉伤，其他毫无损伤。这个时候，农夫却开始觉得奇怪起来了。刚才去抬车子的时候根本没想自己是否抬得动，出于好奇，他就再试了一下，结果那辆车子纹丝不动。

一个人通常都存有极大的潜在体力，这件事还告诉我们另一个重要的事实，农夫在紧张的情况时产生了一种超常的力量，并不只是身体的反应，他还涉及心志的、精神的力量。当他看到自己的儿子快要被淹死的时候，他的心智反应是救自己的儿子，一心要把压在儿子身上的卡车抬起来，而再没有其他的想法，可以说是精神上的肾上腺引发了潜在的力量。据专家认定，潜意识的力量是有意识力量的三万倍。科学家发现，人类贮存在脑内的能量大得惊人。人平常只发挥了极小的大脑功能，要是能够发挥一大半的大脑功能，那么可以轻易学会 40 种语言、背诵整本百科全书，拿 12 个博士学位……

　　人的生命力是顽强而巨大的，即使某些表象的东西不复存在，其本质也永远不会泯灭，其内心隐藏着无限的潜能，只是处于一种"休眠"状态，一旦受到某些刺激、遭遇某些挫折或遇到适当的时机，它就会被惊醒，释放出不可抗拒的能量，彰显生命的辉煌。

施予心态，让世界充满爱

施予者将自己的快乐交与被施予者，由他人的态度决定自己的态度。"我施予，我快乐"，不受其他因素影响，建议施予者，如果拥有阳光心态，自己会更快乐。真正聪明的人，他以一颗施予的心做事；愚蠢的人，他以一颗自私自利的心做事。成功不靠运气，成功有定律，尤其是因果定律，有因才有果，您这一生所得到的一切是谁给出去的？是自己给出去的。有劳才有获。

如果你得不到爱和关心，如果你失去了希望，那么，你应该向别人施予爱和关心，尝试给别人希望。虽然你那样贫穷，但当你施予的时候，你会发现，你好像找到了爱和关心，你会发现你很富有。

当你施予时，你就拥有。此外，帮助别人还有提升心境的作用，当受助者的痛苦消除并开始快

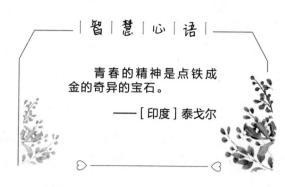

| 智 | 慧 | 心 | 语 |

青春的精神是点铁成金的奇异的宝石。

——[印度]泰戈尔

乐起来的时候，助人者同样会受到这种情绪的感染，自己也变得更加愉快。施予是一种能力！

一条偏僻漆黑的小巷，有一个盲人一手拿着一根竹竿小心翼翼地探路，一手提着一只灯笼。有人忍不住问他："您自己看不见，为什么要提个灯笼赶路？"

盲人缓缓说道："提个灯笼并不是为自己照路，而是让别人容易看到我，不会误撞到我，这样就可保护自己的安全。而且，这么多年来，由于我的灯笼为别人带来光亮，也能为别人引路，人们也常常热情地搀扶我、帮助我，使我免受许多危险。你看，我这不是既帮助了别人，也帮助了自己吗？"

照亮别人，多么令人感动，当我们在需要帮助的时候，恰巧就有一个帮助你的人出现。我想任何一个人都会感觉到幸福！在这个世界上，个人的力量是单薄的，任何人都离不开他人的帮助。

常言道："一个篱笆三个桩，一个好汉三个帮。"正是由于大家相互帮助、相互关怀，这世界才会这般温暖，这般美好。

如果在对方处于危难境地的时候帮助他，就能给对方带来力量和信心，使他们有更大的勇气去战胜困难。别人也定会有"滴水之恩，涌泉相报"的感激。

其实，更多的时候，人们不光需要拥有，有时还需要施予。不论贫富，施予都能给人带来快乐和满足。因为，当你快乐地施予而不求什么回报的时候，你会发现自己得到了很多，拥有了很多。

当然，大多数人都有一副乐于助人的热心肠。有的人生活困难，他们毫不犹豫地慷慨相助；公共汽车上，他们会主动给老弱病残让座；过马路时，他们总不忘记帮助年迈的人一把；遇到迷路的陌生人，他们总会给人家热心的指点……

在他们眼中，帮助别人是一件非常快乐的事。看到别人因自己的帮助而摆脱困境，看到别人因自己的帮助而就此振作，看到别人因自己的帮助而高兴、快乐，有谁不感到幸福呢？这些爱帮助别人的人也时时处处被别人喜欢着，走到哪里，哪里就有朋友。在他们遇到困难时，也总会得到他人的热情帮助。

请记住，当你给朋友一份快乐时，你就拥有了两份快乐！伸出你的手，伸出我的手，让我们相互帮助、相互关怀，让人人都献出一份爱，这个世界就变得更加美好！

有许多人知道郭峰的成名作《让世界充满爱》，但也许很少有人知道《让世界充满爱》这部 20 世纪 80 年代的电影。

电影讲述的是一个出租车司机撞死了人，没有敢去自首，而是把内心的愧疚和无限的爱献给了死者的家人。当然，他最终并没有逃脱法律的制裁。电影的作曲就是郭峰，《让世界充满爱》这首歌就是他为这部电影写的主题曲。

这世界上的每一个生命都属于我们地球家园，善待每一个生命就是善待我们自己。让世界充满爱！

让我们爱每一个人，每一个生命！其实在我们的生活中，爱，永远是亘古不变的话题，不是因为什么，而是，爱的确在平凡的生命里给了我们太多的感动。

20 世纪 60 年代，某地山里饿死了不少人。为了填饱肚子，人们在猎尽鹿、兔子之后，又把目光对准了猴子。

有一只母猴逃脱了人们的围剿。手中还抱着两个孩子，匆忙在光秃秃的山岭上逃窜。母猴慌不择路，最终爬到空地上一棵孤零零的小树上。猴子爬上去后再也无路可逃了，它绝望地望着眼前的猎人，搂紧了两个孩子。

两个猎人同时举起了枪。正当他们要扣动扳机的时候，母猴向他们做了一个手势，两人一愣，就在他们的犹疑间，只见母猴将背上和怀中的两只小猴搂在胸前，喂它们吃奶。也许是惊吓，也许是不饿，两个小东西吃了几口便不吃了。母猴将它们放在更高的树杈上，自己上上下下摘了很多树叶，将奶水一滴一滴地挤在树叶上，放在小猴子能够够得着的地方。做完这些事后，母猴缓缓地转过身来，面对着猎人，用前爪捂住了眼睛……

在自然界中，无论是对于哪种生物，母爱都是一个永恒的主题，母爱是最让人感动的爱，最令人难忘的爱，最让人无法释怀的爱！

世上有许多爱，圣洁如母爱，拳拳如父爱，坚贞如钟爱，伟大如博爱……让世界充满爱！

渴求心态，想法决定做法

在生活中，人们有很多的无奈，但人生中并非只有无奈，而是需要自身主观努力来把握和调控的。人生的方向是由"心态"来决定的。当一个人拥有了渴求心态的时候，正是他走向成功的开始。渴求的心态不仅是成功的起点，也是一个人重要的心理资源。处于青春期的青少年，心中装满了梦想和对未来的憧憬，大家要满怀渴求心态，并为之不断努力。

心态决定想法，想法决定做法，做法决定出路。人们拥有的最为有力的杠杆形式就是心智的力量。杠杆存在的突出问题在于它可以为你服务，也可以伤害你。如果大家想在宝贵的青春年华里拼搏一把，那首先必须要做的一件事就是运用心智的力量。

想法决定行为，行为决定习惯，习惯决定性格，性格决定命运。想法，创造神奇。青少年朋友们，如果你们心里从没有过自

人世间其实是一无所有，唯有青春！

——［英］王尔德

己的梦想或目标，即使上帝给了你一个聪明的脑袋，最终你还将会是一无所有；如果你们常常把自己的想法记在心里并付诸行动，即使你没有聪明的脑子，但经过努力奋斗，你的人生终将成功。

《穷爸爸，富爸爸》这本书想必大家都看过吧，看过后，让人汹涌澎湃，难以平息。因为它总结了人生的真谛，说出了大家想要说的话。渴求什么，脑子里就有什么样的想法，有了这种想法，就决定了你的做法，继而也就成就了你的梦想，踏上了成功的道路。

富爸爸说："第一步决定了你希望生活在哪一个世界中，你是想生活在一个穷人的世界、中产阶级的世界，还是一个富人的世界？"

"是不是大多数人最先选择生活在富人的世界？"年轻人问。

"不"，富爸爸回答说，"大多数人梦想生活在富人的世界，但是他们没有走出具有决定意义的第一步。一旦做出决定，而

且如果你真正做出了决定，那就再也没有退路。在你做出决定的那一刻，你的生活将会彻底改变。"

在生活中，若无超越环境之想，就绝对做不出什么大事。换位思考，换一种想法，会换一种心态。多一个思路，会多一个出路。化想法为思路，思路决定出路。想法决定一个人未来想走怎样的路，你的心有多宽广，梦想就会有多宽广。

什么样的想法就会有什么样的做法，做法决定你过什么样的生活。你的想法决定了你的言行和人生，决定了你是否能够成为一个成功的人，决定了你的一切。因此，在追求成功的过程中，想法是至关重要的，所以"改变想法，才能改变你的命运"。

花儿渴求阳光，鸟儿渴求蓝天，鱼儿渴求清泉，同样，每个人都渴求成功，渴求精彩的人生。这些渴求为我们奠定了未来坎坷的路途，也为我们奠定了未来生活的方向。渴求是前进路途上一首动人的歌曲，渴求是踏向人生征程的未来规划。而行动则是加速器，让我们更快地实现自己的目标。

青少年才刚刚跨出人生的一步，对未来的人生充满了希望和憧憬。正如每个人都希望成为伟人，而成为平凡的人是大多人的命运。有人没有付出却想占有很多，结果是怨天尤人；有人付出了却收效甚微，于是自暴自弃；真正的智者，不怨天，也不怨人，也从不放弃。付出自然有收获。付出多，收获更多；付出少，收获只能很少。一分耕耘，一分收获。正所谓：知不足，然后进取。

一个年轻人去问苏格拉底，成功的秘诀是什么。苏格拉底要这个年轻人第二天早晨去河边见他。

第二天，他们见面了。苏格拉底让这个年轻人陪他一起向河里走。当河水没到他们的脖子时，苏格拉底趁这个年轻人不注意，一下子把他推入水中。小伙子拼命挣扎，但苏格拉底很强壮，一直把小伙子按在水里，直到他奄奄一息时，苏格拉底才把他的头拉出水面。"在水里的时候，你最需要什么？"小伙子回答："空气。"苏格拉底说："这就是成功的秘诀，当你渴望成功的欲望就像你刚才需要空气的愿望那样强烈的时候，你就已经向成功迈出了第一步。"

当然，仅仅迈出了成功的第一步是远远不够的，成功还需要行动。行动是加速器，有了强烈渴求成功的心态后，再加上行动，成功就会一步一步地靠近我们。

想到就做，这是成功的一大秘诀。

也许我们先天不足，但后天的勤奋可以弥补这一缺陷。"笨鸟先飞"就是这个道理，空想家永远找不到自己的真正价值。要做，而且比别人做得多，才会成功。通向成功的路是一片"苦海"，只有敢于泅渡的人才能修成正果，回头是多数人失败的主要原因。距离成功仅一步之遥了，你不再跨出，便将与成功绝缘。

不要总喜欢前途平坦无阻，而要时刻准备去披荆斩棘。不要总说自己要成功，要付出行动，渴求是学习力，行动是加速器。两者缺一不可。

漫漫人生旅途，潮起潮落。而成功只垂青于有准备的人。一个人如果要获得成功，除了自身的天赋，行动是最重要的——就是你不懈地努力，不停地奋斗。

徐霞客：在母亲的勉励下行走

"千古奇人"徐霞客是明代著名的地理学家、文学家、史学家。徐霞客把整个生命都寄于山水之中，足迹遍布五湖四海。在考察途中，徐霞客将亲眼所见以及自己的思考用文字记录下来，为世人留下了"千古奇书"——《徐霞客游记》。

当明朝闹得乌烟瘴气之时，身居江阴的青年徐霞客不满朝政腐败，不愿参加科举考试谋求做官，而是立志游历祖国的名山大川，探索自然的奥秘。徐霞客从小就爱读历史、地理一类的书籍和图册。在私塾读书的时候，老师督促他读儒家经典，他常常背着老师，把地理书放在经书下面偷看，看到出神的时候，常禁不住眉飞色舞。

19岁那年，徐霞客决心去游历名山大川。但是父亲刚去世不久，母亲年纪又大了，而且他也成了家。他若走了，家里就没人照顾了，他应担当起家庭的重担，怎么能够离家远游呢？眼看岁月流逝，人生抱负无法实现，徐霞客苦闷不已，终日无精打采。

徐霞客的心事被细心的母亲觉察到了。当母亲了解到儿子有这样的宏愿后，严肃地对儿子说："男儿志在四方，

哪能为了我们留在家里做篱笆下的小鸡、马圈里的小马呢？"母亲立刻为他准备行装，还给他缝制了一顶远游冠，希望儿子在出行的道路上能够展翅高飞、鹏程万里。有了母亲的支持，徐霞客终于坚定了远游的决心。

22岁那年，徐霞客带着母亲的激励，开始外出游历。他先后游历了太湖、洞庭山、天台山、雁荡山、泰山、武夷山和五台山、恒山等名山大川。

每次游历回家，他跟亲友谈起各地的奇风异俗和游历中的惊险情景时，别人都吓得说不出话来，他的母亲却听得津津有味，在心中为儿子感到骄傲。

1617年，徐霞客的妻子不幸早逝了。上有古稀的老母亲，下有刚刚3岁的儿子，徐霞客再也不忍心出游了。但是，母亲说什么也不允许儿子为了家庭耽误自己的志向。她对儿子说："我这一辈子最大的愿望就是能够看到你成就自己的大业，若是因为我而半途而废，我死不瞑目啊。"听了母亲的话，徐霞客再次远行，继续自己的梦想。

又过了几年，因为母亲年龄太大了，他决定停止出游，在家里尽孝心。可是母亲说："我虽然上了年纪，但是身体还硬朗，再说家里也有人照顾，你应该趁着自己的身体还能够出远门，赶快远行。"为了让儿子放心，她还特地陪同儿子游览了荆溪和勾曲两个地方，以证明自己的身体完全可以让儿子放心。

后来，80多岁的老母亲寿终正寝，徐霞客就把他全部的精力投入到游历考察上。50岁那年，他开始了一次漫长

的旅行。他花了整整 4 年时间，游历了湖南、广西、贵州、云南四省，一直到我国边境腾冲。他跋山涉水，到过许多人迹罕至的地方，攀登悬崖峭壁，考察奇峰异洞。有一次，他在湘江乘船的时候，遇到了强盗，他的行李、财物被抢劫一空，但是这些挫折都没能动摇他探索自然的决心。

徐霞客在旅途中，每天晚上休息之前，都要把当天见到的、听到的做详细记录。即使在荒山野岭露宿的日子，也总是在篝火旁，伏在包袱上坚持写日记。1641 年，徐霞客去世了，却留下了大量日记，这实际上是他的地理考察记录。经过实地考察，他纠正了过去地理书上记载的错误，发现了过去没人记载过的地理现象。后来，人们把他的日记编成《徐霞客游记》。这部书不但是我国古代地理学的宝贵文献，还是一部优秀的文学著作！

徐霞客的足迹遍布大江南北，他的著作对我国地理学研究做出了巨大的贡献。然而，如果没有母亲的大义开明，没有母亲的督促和勉励，就不可能有他一次次长时间的远游，也就不可能有名垂青史的徐霞客！

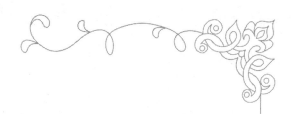

PART 02
最艰难的时候，
给生活一个笑脸

在这个世界上，谁都离不开与人交往。在与人交往时，要尊重别人，善待别人，还要努力把握好尺度，拿捏好分寸。这样才能不断地为自己积累人脉，从而获得成功与幸福。

人生的价值，是由自己决定的。

——［法］卢梭

努力善待身边的每一个人

一个人要想在社会中生存和发展，就必须努力学会善待身边的每一个人。这属于道德范畴，也属于职业范畴。无论怎样，我们都应做一个热情、善良、乐于帮助别人的人，这样做不仅可以与身边的人和睦相处，而且还会赢得他人的尊重和信赖。

洛克菲勒年轻的时候曾经一无所有，像当时许多年少无知的人一样，到处流浪，得过且过。不过，洛克菲勒怀有十分远大的理想，他期望自己有一天能够有一笔任由自己支配的巨大财富。

他带着这个伟大的梦想，来到了距离家乡很远的一个偏僻小镇。在这个小镇上，洛克菲勒结识了镇长杰克逊先生。杰克逊先生是担任镇长的最佳人选，他性格开朗，为人热情，而且

平易近人，更重要的是，他的心地十分善良。当洛克菲勒需要一些生活用品时，镇长总是会十分高兴地给予帮

助，而且镇长还会时不时地让女儿为洛克菲勒送去一些妻子做的可口点心。

一天，当洛克菲勒走出旅馆大门的时候，他看到镇上来来往往的人把镇长家门前的花圃践踏得不成样子了。洛克菲勒为此感到气愤不已，他为镇长感到惋惜，于是他站在那里指责那些路人的行为。

第二天，镇长拿着一袋煤渣和一把铁锹来到了泥泞的道路上，他用铁锹把袋子里的煤渣一点一点地铺在了路上。一开始洛克菲勒对镇长的行为感到不解，他不知道镇长为什么要替这些践踏自己家花圃的路人铺平道路。可是，很快他就明白了镇长的苦心，原来，有了铺好煤渣的道路，那些路人再也不用踩着花圃走过泥泞的道路了。

洛克菲勒在那里停留了一段时间后，由于其他原因离开了那个小镇。不过他知道，自己不是一无所获地离开的，他带着镇长杰克逊告诉自己的一句话从从容容地踏上了追求梦想的旅程，那句话就是："善待别人，就是善待自己"。直到成为闻名于全美的石油大王，洛克菲勒依然牢牢地把这句话铭记在心中。

善待别人就是善待自己。一个自私的人，总是不愿意对别人付出任何关爱，所以，他们永远都体会不到来自他人的友情和温暖。而那些胸襟开阔的人则始终生活在幸福和关爱中，这些幸福和关爱既来自于别人，也来自于他们自己。镇长的一言一行，都给洛克菲勒带去了心灵上的极大震撼，同时洛克菲勒也把这种精神运用于他的整个人生和事业中，成了他灵魂深处的一部分。凭借着这种精神，再加上自己的努力，洛克菲勒的事业很成功，同时也结交了很多有益于他一生的朋友。

在与他人的相处中，我们还要知道这样一件事，把别人尴尬的事情当作故事、笑话四处张扬，是不道德的。虽然只是一个小细节，但是它也会严重地影响一个人的人际关系。生活中，有很多人都特别看重面子，自己的难堪事越少被人知道越好。如果你在这方面不去注意的话，那么，就会招致别人的反感。

下面这个故事，对我们很有启迪意义。

阿峰早上一到车间便兴致勃勃地告诉同事们，本车间的小李昨天被女友甩了，并且被女友的母亲羞辱了一顿。小李来上班后，大家便一起嘻嘻哈哈地跟小李开起了玩笑，小李心里很不痛快，但没说什么。第二天，厂里开会，小李刚到会议室，便听见阿峰又在跟大家说起自己女友的母亲做得如何如何不对，小李当场沉下脸，拂袖而去，本来一对很好的朋友一时间反目成仇。

阿峰的过失提醒我们，要正确地对待他人，尤其是他人处境更为难堪时。不要取笑，不要恶意传播，这是对别人应该有的尊重。如此，人生之路才能走得更宽。

好人缘从努力记住对方的名字开始

相信很多人都会有过这样的经历：别人给自己刚介绍完名字，一转眼就忘了人家叫什么了，而等下回再见面时又十分不好意思再问对方的名字。相反，如果有人第二次见到你，就亲切地叫着你的名字向你问候时，你会有什么感觉呢？你的心里一定会很高兴，觉得他很重视你，你也自然会对他产生好感。戴尔·卡耐基曾说过这样一句话："一种既简单又最重要的获得好感的方法，就是牢记别人的姓名。"

的确，一个人对自己的名字比对地球上所有名字加起来的总和还要感兴趣。因此，可以说，能记住一个第一次与你相见的人的名字，而且能很快地把对方的名字叫出来，等于是给了对方一个很巧妙而又有效的赞美。

安德鲁·卡内基被称为"钢铁大王"，他成功的原因究竟在哪里呢？实际上他对钢铁的了解并不比一般人多。

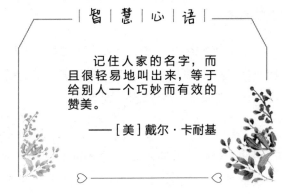

记住人家的名字，而且很轻易地叫出来，等于给别人一个巧妙而有效的赞美。

——[美]戴尔·卡耐基

他成功的原因，是由于他知道怎样为人处世。

小时候，他就表现出组织才华和领导天才。他发现每个人都把自己的姓名看得惊人的重要，而他利用这项发现赢得了别人的合作。当他还是个苏格兰小孩的时候，他抓到了一只母兔。后来他发现了一整群小兔子，却没有东西喂它们。他想出了一个很绝妙的法子——他对邻居的孩子们说，如果他们能找到足够的苜蓿和蒲公英喂饱那些兔子的话，就可以用他们的名字命名那些兔子。这个法子太灵验了，因此所有的兔子都活了下来。卡内基对此一直不能忘怀。好几年后，他用同样的方法赚了好几百万美元。有一次他想把铁轨卖给宾夕法尼亚铁路公司，而该公司当时的董事长是艾格·汤姆森。因此，卡内基在匹兹堡建立了一座巨大的钢铁厂，取名为艾格·汤姆森钢铁厂。当汤姆森听到这一消息时，他觉得自己很受重视，得到了尊重，便很高兴地和卡内基签订了购买合同。

在这里，不得不夸赞钢铁大王过人的聪明才智，但是，我们更应该学习他十分重视别人的名字，并且会利用别人名字做事的方法。

记住别人的名字对一个人的成功有莫大的帮助，同样也使自己多了许多朋友，记住别人的名字在带给别人惊喜的同时也会给自己的事业带来意想不到的收获。

能准确地叫出对方的名字，会让对方感觉到你在注意他、在乎他，这就比较容易赢得对方的好感。顺利地叫出对方（特别是不经常交往的人和只见过一次的人）的名字，对方就会觉得你了不起，同时也会有一种心灵的满足。这样，自然而然地，他就会尽力去满足你的需要。

当然，在很多时候，要准确地记住一个人的名字并不是一件容易的事情，尤其是当对方的名字很复杂又拗口时，一般的人都不愿意去记。他们往往是这样想的：算了，就用"喂"打招呼好了，这样也简单好记。而实际上，能顺利地叫出对方的名字才是明智之举。谁都希望别人能叫出自己的名字，谁都需要别人直呼自己的名字。无论他是干什么的，和你的关系如何，只要你能大大方方地叫出他的名字，他就会感觉无比喜悦。

那么，在人际交往中，如何才能有效地把对方的名字记住呢？方法有以下几种：

1. 要用心记住他人的名字

我们要善于交际，看重友谊。在一般情况下，一个珍视友谊的人，在记名字方面会表现出特别强的注意力。据考察，在一般记忆力的基础上，注意力越集中，重视程度越高，就会记得越牢。

2. 经常翻翻他人的名片

对于记忆力不太好的人来说，不但要用心去记而且还应该动动笔，因为"好记性不如烂笔头"。

3. 忘了名字要想办法补救

如果在路上遇到朋友，突然忘了他的名字，那就应想办法弄清楚，记在心里。

对待他人的态度要随和

生活在社会中的每个人，少不了要在各种场合与各种各样的人打交道。一个最容易得到认可的人，莫过于一个脸庞上挂着善意笑容、凡事不与人斤斤计较、心态随和的人。

心态随和的人，不会为了一点鸡毛蒜皮的小事与人斤斤计较，不会为了一时心里面的不痛快而处处与人针锋相对，挖苦讽刺甚至绵里藏针，更不会为了个人得失或利益上的事而在工作中挑三拣四、拈轻怕重。

一个随和处事的人，做人做事首先考虑的不是自己的利益。随和的人，性情一般很温和，会注意说话的语气和轻重，尽可能不去伤害到任何人。随和的人，由于能及时地站在他人的角度和立场上换位思考，所以很受大家的喜爱和欢迎。

随和的态度，来源于人的一种心境。"心静自然平。"很多富有哲理的语言都谈到"心静"的妙处，

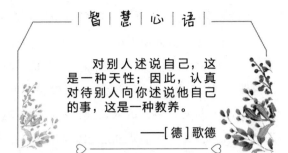

| 智 | 慧 | 心 | 语 |

对别人述说自己，这是一种天性；因此，认真对待别人向你述说他自己的事，这是一种教养。

——[德] 歌德

而这恰恰能将随和有力地支撑起来。"非淡泊无以明志，非宁静无以致远"，诸葛亮留下的千古名言，正是我们修身、处世的座右铭。一些人面对纷繁多彩的世界，面对俗世的种种诱惑，不免会产生浮躁、彷徨，对名利的追逐也愈加迫切，随之而来的是身心终日忙碌，并由此带来了一系列的困惑，而当一种欲望满足了，又会产生新的失落、迷茫、困惑、彷徨……有了这样的心境，一个人不可能做到随和。对于曾经的一些辉煌，应该把它看作一个经历，而不要把它当作资历。

随和作为一种品质，也是有层次的。初级的随和是只要不伤和气，宁肯抛弃某些原则，以使自己拥有一个宽阔舒适的生存空间。高层次的随和则是淡泊名利时的超然，是曾经沧海的淡然，是狂风暴雨中的坦然。要达到这种境界，是要经过一番磨炼和修养的。人与人以一种随和的心态谦让对方，这确实是一种正确、明智的处世方法。随和能使我们在风雨中觅得一方晴空，在深沟险滩中辟出一块乐土。

在这个世界上，如果你不想被孤立，那么就必须学会如何与人相处。每个人都有自己独特的性格，我们不要求自己能喜欢身边所有的人，但我们必须和气地对待身边每一个人。

为人处世中，以和为贵，必须有宽广的胸怀。俗话说得好："量小失众友，度大集群朋。"为人要有宽广的胸襟、恢宏的度量，才会赢得友谊，扩展人脉。只有胸怀宽广的人，才能解人之难，使人乐于信任和亲近。而胸襟狭窄者则只会嫉人之才，妒人之能，讽人之缺，讥人之误，在他的周围便会产生一种无形的排挤力，使人对他避而远之。

那么，如何才能使自己做到为人处世中以和为贵？怎样才能拥有博大的胸怀？怎样才能真正地做一个态度随和的人？古人云："海纳百川，有容乃大；壁立千仞，无欲则刚。"我们应该努力使自己做到"有容""无欲"，像大海那样笑纳百川，像高山那样巍巍矗立，刚正不阿。当然，度量的锻炼，并非一日之功，还要靠日后长期的修养。

在工作中，与同事间可能经常出现一些磕磕碰碰，如果不及时妥善处理，就会形成大矛盾。俗话说："冤家宜解不宜结。"当与同事发生矛盾时，要努力学会主动地退让，多从自己身上找原因，换位为他人多想想，以避免矛盾的激化。如果已经与他人产生了矛盾，自己又的确不对，那么就要主动放下面子，学会道歉，以诚心换他心。

总之，无论是做人、经商还是创业，都应将"和"字时时刻刻写在脸上，记在心里。一定要清楚，和和气气是做人办事的根本。永远不要做损人面子的事情，不说损别人面子的话。这样，在努力奋斗的过程中，才会有更多的人成为我们的朋友。这样做，于人、于己都是有益处的。

把面子留给别人，自己会更有面子

有一句话说得好："打人莫打脸，伤人莫伤心。"如果我们伤了一个人的心，就少了一个帮助我们的人；如果我们伤了所有人的心，那么自己就成了一个孤家寡人。

在说话办事时，注意不要伤害别人的自尊，更不要去故意伤害别人，而应该适时地为陷入尴尬境地的人提供一个合适的"台阶"，使他不失面子。这是一种美德。这种美德既能够为我们树立良好的社交形象，得到更多人的好感，还能够使当事人产生感激之情，给对方留足面子，不失为一种赢得好人缘的好方法。

"面子"是人际关系中最基本的调节器，人与人之间是否给面子或面子给得足不足，往往是人际关系和谐与否的重要条

| 智 | 慧 | 心 | 语 |

如果自己的青春放不出光彩，任何东西都会失去魅力。

——［英］华尔浦尔

件。在与人交往的过程中，我们会关注对方的行为，为了维护自己的个人地位，我们需要他人对自己给予正面的评价，时时刻刻注意自己的行为是否有"面子"，他人对自己是否给面子。为了获得面子，我们就会设法去做体面的事情，工作上会更加努力等，来获得他人的赞赏，或者提高自己的社会地位。一个人一旦认为自己有面子，他以前的行为以及行为中的良好体验，会得到进一步的强化。作为一个现代人，我们需要学会并掌握这种为人处世的技巧。

即使是在一些需要做出拒绝的情况下，也要学会为对方留足面子。

一位同学，在学校正常上课期间想随父亲利用出差的机会去泰山游玩，于是他向班主任请假，这当然是违反校纪的。如果班主任直截了当地拒绝他、甚至批评他，都是可以的，但是，这位班主任却是这样对这位学生说的："能和爸爸一起去泰山游玩，确实是件美事，不过，这几天我们学校要举行作文比赛，我们班还指望你拿名次。去泰山游玩的机会多得很，以后我们找个放假的机会多组织一些同学一块儿去玩不是更好吗？"这位同学听了班主任的话后说："老师，那我这次就不去了。"他高高兴兴地收回了自己的请求。

这位班主任拒绝得十分高明。在一个集体里，每个学生也都是有自尊的，希望自己能在同学们的心目中树立起好的形象，班主任充分地利用了这一点。

我们都不愿意自己的愿望遭到拒绝，对方一个断然的"不"字，更有伤情面。所以，在准备谢绝对方时，一定要特别注意礼貌和分寸。

例如，营销员需要与顾客打交道。俗话说："顾客就是上帝。"营销员与顾客或客户之间关系的好坏，将来合作得怎么样，也在于这个面子。一个团队想要给顾客面子，给顾客留下一个美好而记忆深刻的印象，这就要求自己员工的一言一行有章可循，做到体面大方。

在优质服务方面，沃尔玛堪称典范。创始人山姆·沃尔顿认为："我们要成为顾客最好的朋友，微笑着欢迎有心光顾本店的所有顾客，提供我们所能给予的帮助，不断改进服务，给予他们更好的服务，这种服务甚至超过了顾客原来的期望。"沃尔玛规定，员工要对 3 米以内的顾客微笑，要认真回答顾客的提问，永远不要说"不知道"，原则上哪怕很忙，都要放下手中的工作，亲自带领顾客来到他们要找的商品前面，而不是指一个大致的方向就了事。沃尔玛有条不成文的规定，就是唯一允许迟到的理由就是"服务顾客"。顾客在购物过程中，得到的是尊重，享受的是快乐，拥有的是"面子"，他们没有理由不成为我们忠实的顾客。

其实，今天的人脉关系是来自方方面面的。在酒店为来宾留足面子，等于是软硬件条件上的锦上添花，宾客肯定会成为回头客；老师为学生巧妙地留足面子，不仅不会伤害一颗年轻的心灵，而且在学生们的心目中也会成为一个好老师；商场里，服务人员为顾客留足面子，顾客不仅愿意常去，而且更为商家带去了可观的利润。

总之，给别人留足面子，也就更好地掌握了经营事业、生活和人生之道。自己每一天的努力，也就有了一个更高的落脚点。当然，在给足别人面子的同时，其内心也是希望别人能给我们留有面子的。

那么，怎样才能努力做好"面子"这门功课呢？

1. 帮助他人时要给他人面子

帮助他人时要真诚、自然，不要让他人觉得这是一种负担，是一种"人情债"。偶尔也要接受他人的帮助，这样"礼尚往来"，对方才会觉得自己有面子，从而也会给你更多的面子。

2. 批评他人时，要给对方留面子

只有糊涂的人在与他人交往的过程中，才会把话说死、说绝，不给自己留余地。比如："你真笨。如果换了我，早就搞定了"，"你难道没长脑子吗？动手前先想想呀！"如此种种，相信谁听了都不会开心。人人都爱惜自己的面子，而这样带有侮辱性的语言，显然是极不给人面子的一种表现。

3. 荣誉给上司和同事

在工作中取得了骄人成绩，不要忘了把功劳让给上司和同事，让他们与你一起分享喜悦，切忌独自享受鲜花与掌声。例如，"如果没有领导的支持和同事们的齐心协力，我就无法取

得今天的成绩。"诸如此类的话一说出口，领导和同事们都会欣赏你，因为你给足了他们面子。在今后的工作中，你就能获得领导与同事更多的支持与帮助。

做好了"面子"这门功课，不但能给足别人"面子"，而且也会使自己更有"面子"。

得理也要让三分

孔子云："己所不欲，勿施于人。"这是做人的一个基本原则，礼让、宽容自古以来就是我们的传统品德。不以一己之心度他人之腹，而是将心比心，时刻从他人的角度考虑问题，这是善于为人处世的奥秘所在。其中，"得理也让三分"是一个非常重要的处事之道。

在现实生活中，得理不饶人比没理还欺负人的现象多很多。有些人以自己得理为敲诈手段，害得他人痛苦万分，这样的人是没有宽广心胸、更是没有眼光的人，他不知道这样愚蠢的做法终究会让自己吃亏——掉在自己给自己挖好的人生陷阱里。下面这则寓言故事最能体现这一点。

一头笨重的大象正在森林里漫步。一不小心，它踩踏上

| 智 | 慧 | 心 | 语 |

青春一年一年地消逝，春日是暂时的，柔弱的花朵无意义地凋谢。聪明人警告我说，生命只是荷叶上的一颗露珠。

——[印度] 泰戈尔

了老鼠的家。顿时，老鼠家变得一塌糊涂。大象为此十分惭愧，真诚地向老鼠道歉，可老鼠对此耿耿于怀。一天，老鼠看见大象正躺在地上睡觉，它心想："报复大象的机会来了！虽然大象是个庞然大物，但我至少可以咬它一口，以解我的心头之恨。"可是，大象的皮特别厚，老鼠根本咬不动。这时，老鼠发现大象的鼻子，于是它高高兴兴地钻进大象的鼻子里，狠狠地咬了一口大象的鼻腔黏膜。大象突然感觉鼻子里一阵刺激，便用力打了个喷嚏，这喷嚏一下子将老鼠喷出好远，差点把老鼠摔死。

事后，一批同类们纷纷来探望受伤的老鼠，这只老鼠忍着浑身的剧痛，语重心长地对同类们说："大家要记住我的惨痛教训啊，得饶人处且饶人。"

在与人交往的过程中，不管自己有理没理，得饶人处且饶人，得理也要让三分。如若反其道而行，就会使自己受到伤害。故事中的老鼠便是自作自受的典型，区区一只小老鼠却得理不饶人，不自量力，结果可想而知。

"得理"，顾名思义，就是自己拥有采取行动的充分理由或者攻击他人的正当道理。许多人以为自己得了理，便有了"理直气壮"的资本，便可以以此作为自己必胜的武器。这是一种愚蠢的想法。我们要知道，害人终究害己，在给他人造成伤害的同时，自己同样不会好过。

在生活中，面对他人的过失，面对他人对我们造成的小小伤害，最好的做法便是以一颗宽广的心胸去宽恕他人。这样做，不但给了他人一次改过的机会，更使我们自己的心灵得到了升华。

得理饶人是一种大智慧。会得理饶人的人是一个真正的智者。社会如此复杂，人与人之间发生争执和碰撞是在所难免的。当有了纷争，即使认为自己是有理的一方，也应该"得饶人处且饶人"。因为，善待他人就是善待自己。理解他人、宽恕他人，更是一种精神上的享受。也许，有很多人会不屑此说，认为说起来容易做起来难。那么，下面这起交通事故中双方的处理方式就会让你感受到宽恕他人其实并不难。

一辆小汽车不小心将前面大卡车的尾灯罩碰碎了，小汽车的司机原以为这下闯了大祸了，肯定要发生一阵争吵，交通拥堵肯定也避免不了。但万万没有想到的是，受害车辆的司机十分通情达理，说对方又不是故意的，大家在路上都不容易，下次多多注意就行了。当肇事司机将50元补偿费递给他时，他只按市价收了20元赔款，将余下的30元"补偿费"退还给了汽车司机。面对这次小小的交通事故，双方都没有为此争个你高我低，更没有恶语伤人，交通道路也没有因此而受到大的影响，很快就恢复了畅通。

这样的交通事故我们经常会看到，但是，能够如上述故事中的事故双方那般处理事情的人却很少，大家往往都会为自己车子上的一点点损坏闹得天翻地覆，争个鱼死网破。结果不但让双方心里不舒服，还给路人、给交通带来了不必要的麻烦。

对于道路上的每一位司机来说，得理饶人就显得尤为重要了。得理也让人三分，能够起到化解矛盾、息事宁人的良好效果，显示出了一个人良好的职业道德和个人修养，也能让我们感受到他的宽容与大度。

在前进的道路上，在努力的过程中，学会给自己、给他人留一条退路，这于人于己，都是人生道路上一个不小的收获。

我们在与他人的交往中，由于性格和思想的不同，产生矛盾是难免的。这时，我们需要有"得理也要让三分"的胸怀，这样才能化解矛盾，才能有利于人际关系的良性发展。

在日常生活中，一个对事情斤斤计较的人，会给人留下不好的印象，也不会有人愿意与他交往；相反，一个得理饶人的人，不仅会给人留下一个好印象，而且还会受到他人的尊重和认可。得理也让三分，是一种做人做事的大智慧，谁能做到这一点，谁就能少些麻烦，多些顺畅。

美国总统特朗普出生于豪门望族之家，颇具经商头脑。在沃顿商学院读书期间，他发现一个有800套住房闲置的公寓村，于是，他建议父亲将这个公寓全部买下来，交给他经营。可是，他还要继续读书，所以他聘请了一个名叫欧文的人当经理，替他管理。

欧文确实颇有管理才能，在他的管理下，公寓村的各项工作很快就走上了正轨，所有的事情都办得妥妥当当，因此特朗普根本就不用为公寓村的任何事操心。然而，人无完人，欧文有一个令人闻而生厌的坏毛病——偷窃。仅一年时间，他偷窃的公物价值竟然高达5万美元。这件事被特朗普发现后，他非常生气，恨不得马上让这个家伙走人。可是，他并没有这样做，他理智地容忍了欧文。

特朗普决定帮助欧文改掉坏习惯。于是，他主动地找来了欧文，跟他轻松地聊天，指出他的毛病后又给他增加了工资，并友好地建议他检点自己的行为，改掉盗窃的恶习。欧文为此深受感动。自此以后，他兢兢业业地工作，不但改掉了恶习，还为特朗普赚了好几百万美元。

缺点对于每个人来说都是存在的，所以，我们没有必要对他人的缺点和小过失耿耿于怀。我们要学会用微笑来面对他人所犯的过失。只有我们去努力宽容别人的过失，才能让别人改正自己的过失，从而赢得别人对我们的尊重。

学会宽容，是赢得朋友的保证。宽容他人对自己有意无意的伤害，是让人钦佩的气概；宽容他人曾经的过失，是对他人改过自新的最大鼓励；宽容他人对自己的敌视、仇恨，是人格至高的表露。

人生短暂，生命无常，同样是一辈子，有的人在不尽的愤恨和埋怨中挣扎着过，有的人在快乐幸福中沐浴着过。宽容别人的过失，宽容身边人的一些错误，从某种意义上来说，不但是一种胸怀，也是一种智慧。

很多时候，我们都需要一种宽容的处事态度。宽容不仅是给别人机会，同时也是为我们自己创造机会。尤其是对于那些因一念之差而犯下过错的人，我们更要当宽容处且宽容，吹毛求疵，锱铢必较，于人于己都是不利的。

在日常生活和工作中，人们往往会对自己犯下的一些错误和过失很宽容，而对于别人的一点点失误都不谅解。如果自己犯了错误，往往会百般地加以掩盖，要是别人犯了错误，往往会长时间地揪住不放。由于很多人对自己的过多宽容，导致曾经有过的错误一犯再犯；由于对别人的抱怨，我们周围少了许多真诚的笑脸，而多了一些伪善的面孔。

宽容是一种积极向上的心态，是一种对他人不苛求、不极端、不任性、不自以为是的健康心理。它需要我们有博大的胸怀去感悟、去体会，宽容可使我们表现良好、有素养，同时也能引发别人的真诚响应。

学会了宽容是一件快乐的事。宽容是主动地表示对他人的理解，主动地奉献出自己的真诚，主动地走进对方的心里。我们学会努力宽容别人，就可以把那些矛盾和不快从此抛弃，轻轻松松地去说、去笑、去做。这时，心灵世界也变得明朗了。宽容了别人的种种不足，自然就会有更多的人愿意走近我们。

努力结交比自己优秀的朋友

　　一位哲人说："要想让自己变得优秀，就要努力结交比自己优秀的朋友。"你也许会觉得这句话有些庸俗，千万别误会，把有能力的人作为自己的榜样，其实并不是一件可耻的事情。这样说并不代表我们歧视他人，而是说要多向一些比自己优秀的人去学习。"近朱者赤，近墨者黑"，说的就是这个道理。朋友与书籍一样，好的朋友不仅是良伴，也是老师。很多人乐于与比自己差的人交际，这的确可以得到安慰，因为在与友人交际时，这能使自己产生优越感。可是结交比自己优秀的朋友，则能促使我们进步。当然，这并不是说不要和劣于自己的人交际，而是说应该多和优秀的人交往。

　　俗话说得好："物以类聚，人以群分。"结交什么样的朋

友对我们来说是一件非常重要的事情，自己的一言一行甚至思想都跟他们有着重要的联系。例如，如果你的朋友

智｜慧｜心｜语

一个永远不欣赏别人的人，也就是一个永远也不被别人欣赏的人。

——汪国真

是那种花钱大手大脚的人，那么你的理智消费就会被朋友嘲笑，你的积极性也会受到打击，这都是非常危险的，说不定还会为你带来坏处。相反，如果结识一些比自己优秀的人，除了学习朋友的经验，还可以多条路子，平时互相帮忙。

很多人之所以容易失败，是因为不善于和比自己优秀的人交际。法国军事家福煦曾说过："青年人至少要认识一位普通世故的老年人，请他做顾问。"萨加烈也说了同样的话："如果要求我说一些对青年有益的话，那么，我就要求你时常与比你优秀的人一起行动。就学问而言或就人生而言，这是最有益的。"

与优秀的人结交其实并不是一件困难的事情。有位人际关系专家这样建议：首先将自己所在城市的著名人士或者周围比较优秀的人列出一张表，再将会对自己工作有所帮助的人也列出一张表，之后就是每星期想办法去结交这样一位对自己有益的人。这样做会使我们的努力，收到事半功倍的效果。

陈蕾：做一株冲不走的香菇草

在中美洲河流的湿地里，生活着一种很奇异的香菇草。香菇草并不像其他河边草一样努力抢占着土地最肥沃、光照最好的地方，而是专门在一些养料非常缺乏的乱石之下生长，所以香菇草长得又矮又小。每年汛期一到，迅速上涨的河水会将许多湿地里的草类冲走，而香菇草却总是安然无恙。原来，香菇草主动放弃了养料和阳光最充足的地方，是为了将根系埋藏在很难被冲走的乱石之下。这样，在乱石下扎稳了根、又有石头保护的香菇草便成了最大的赢家。

10多年前，刚从学校毕业的她就尝到了找工作的苦头，所以对来之不易的工作特别在意，工作起来十分努力。那时候，正值青春年少的她，每天的生活十分枯燥，永远是单位和家两点一线。学建筑的她不仅每天要面对一堆密密麻麻的图纸和工具书，而且还常常要顶着毒辣的太阳在建筑工地上和男同事们一起搜集第一手资料。

她刚参加工作的时候，还有不少朋友拉她一起出去玩儿。可渐渐地，大家发现她每天都在急匆匆地忙着各种各

样的工作，好不容易闲下来，也立刻拿起书来充电。于是，朋友们便很少来打扰她了。本该充满欢笑的夜晚，她却在昏黄的灯光下，一刻不停地努力工作和学习。她比谁都清楚，在这个男性占主导地位的行业里，如果不付出极大的努力，很容易就会被淘汰。所以，她几乎停止了一切娱乐活动，休息时间也尽量压缩到最少，把节省出来的时间全部投入工作中。

就这样，同事们惊奇地看着这个全集团最努力的女孩迅速成长了起来。她先从最底层干起，只用了不到10年的时间，就成了这个庞大集团里的高层人员。

不久之后，她所在的集团公司竞标到了一项庞大的工程，而她则成了这项工程的总工程师。当同行们知道了这项大型工程的总工程师竟然是一个刚刚三十出头的年轻女性时，所有人都不敢相信自己的耳朵。很快，她的周围就充满了质疑声，所有和她一起合作参与这个工程建设的同行都对她表达了强烈的质疑。将如此庞大的工程交给她这样一位年轻的总工程师，大家始终放心不下。

她也不解释什么，就这样顶着巨大的压力开始了工作。大家的担心是有道理的，这个庞大的工程每天都会出现一些新的问题，让人忙得一刻也停不下来。每天东奔西走的她，感觉时间根本不够用，于是干脆作出了一个让人意想不到的决定——为了节省时间，在工程结束之前再也不在工地上穿裙子，改穿行走更方便的裤子，尽管她天生爱美。

随着工程进度的加快，出现的问题也越来越多，可大

家的质疑声却越来越少了。同行们被这个为了工作连爱美天性都可以舍弃的年轻工程师感动了。大家再也不去讨论她能不能承担起这个工程，而是全力以赴地帮着她想方设法解决工程中出现的问题。

就这样，在随后的几年里，她和她的伙伴们几乎天天盯在工地上，一刻也不敢停歇。整整3年，她都没有再穿过裙子，而她像从海绵中挤水一样挤出的时间和精力使她的事业获得了巨大的成功。

如今，人们都为她和她的伙伴们建造的"水立方"体育馆而惊叹不已，她就是"水立方"的总工程师——陈蕾。

PART 03

最努力的时候，
别忘了善待自己

　　无论是在生活中，还是在工作中，都不要做一个莽夫，而要做一个智者。一个人即使再努力，如果不懂得运用智慧，那么努力就成了蛮干，就会使努力收效甚微。一个人只有学会运用智慧，努力才会更有效。

衡量人生的标准是看其是否有意义，而不是看其有多长。

——［古希腊］普鲁塔克

有技巧地选择，有选择地放弃

在人生中，一定要懂得选择，学会放弃。要知道，每一次选择都应是理性的取与舍。要有所为有所不为，选择正确了，才能正确地做事，才不会多走弯路或误入歧途。放弃，则是另一种更广阔的拥有，放弃是为了更好的选择。面对生活和工作，我们要学会放弃的本领。

有一个年轻人，他想在一切方面都超越其他人，尤其是想成为一名大学问家。可是，虽然经过不懈的努力，他在各方面表现都不错，唯独在学业上始终没有大的长进。于是他去请教一位大师。听完他的话，大师说：我们一起去登山吧，到了山顶你就知道了。

那座山上有许多美丽的小石头，每当看到喜欢的石头，大师就让年轻人装进袋子里背着。很快年轻人就吃不消了。于是，年轻人停下脚步疑惑地问道："大师，我为什么要背这个？再背，别说到山顶，恐怕连走也走不动了。"

| 智 | 慧 | 心 | 语 |

我已享受过这世界的欢愉，青春的快乐早已流逝，生命的春天离我非常遥远。

——［瑞士］海塞

大师微微一笑，说："为什么不放下呢？背着这么多石头能登到山顶才怪呢！"

年轻人明白了大师的意思。从此以后，他放下心中的其他欲念，一心扑在学问上，最后终于实现了自己的心愿，成为一个大学问家。

的确，人的时间和精力都是有限的，不可能面面俱到地做好每一件事，而想要得到一切的人，最终只能是什么也得不到。其实年轻人最想成为大学问家，只是无法摆脱自己争强好胜的心理，相反，努力学会放弃一些东西之后，他也就有更多的精力去专注地做一件事情，因而就成功了。

从我们呱呱坠地到懂事开始，我们的一生就面临着无数的选择。供我们选择的因素有很多很多，我们在选择一种事物的同时，就意味着要同时放弃另一种事物。

在选择的同时，我们是否有勇气放弃那本不属于自己的东西呢？果断的抉择，会让我们适时抓住生命中最重要的东西，在生命的每一个十字路口上走好每一步路。

一个夏天的傍晚，有一个美丽的少妇投河自尽，被正在河中划船的白胡子艄公救起。艄公问："你年纪轻轻的，为什么要去寻短见呢？""我结婚才两年，丈夫就遗弃了我，接着孩子又病死了。您说我活着还有什么意义呢？"艄公听了她的话后，沉吟了片刻，说："两年前，你是怎样过日子的？"少妇说："那时我自由自在，无忧无虑呀……""那时你有丈夫和孩子吗？""没有。""那么，你此刻只不过是被命运之船送回到两年前去而已。现在你又自由自在、无忧无虑了。请上岸去吧……"

话音刚落，少妇恍如做了一个梦，她揉了揉眼睛，想了想，便离岸走了。从此，她再也没有寻短见，而是下定决心让自己的生命重新开始。这对于少妇来说，正是一个正确的选择。

学会选择就是审时度势，扬长避短，把握时机。明智的选择胜于盲目的执着和努力。古人云："塞翁失马，焉知非福。"选择是量力而行的睿智和远见，放弃是顾全大局的果断和胆识。

诗人泰戈尔曾说："当鸟翼系上了黄金时，这鸟就永远不能翱翔了。"很多时候，放弃是面对生活的清醒选择，学会放弃才能使我们卸下人生的种种包袱，轻装上阵，安然地等待生活的转机，渡过风风雨雨。懂得放弃，我们就能拥有一份成熟，会活得更加充实、坦然和轻松，我们每一天的努力才会更有成效。

发挥自己的长处，才是努力的正确方向

　　诗仙李白在《将进酒》中写道："天生我材必有用。"这句话的意思是说，即使一个再愚蠢的人，也一定有自己的长处。然而，在生活和工作中，我们常常羡慕别人身上的优点，而忽略了自己本身所具有的优点和长处。其实，善于发挥自己的特长，不仅是选择了一个正确的努力方向，更是应该具有的本领之一。

　　生活如一个剧本，重要的不是长度而是精彩度。尺有所短，寸有所长，而人生的诀窍就在于发挥自己的长处。要知道，凡成功者，都是充分发挥自己的优势才成功的。

　　一个人做自己喜欢做的事情或自己擅长的事情，会进步得很快，而且还会取得骄人的成绩；相反，如果做自己不喜欢也

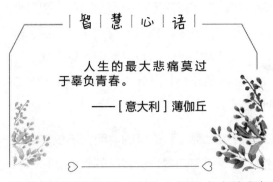

| 智 | 慧 | 心 | 语 |

人生的最大悲痛莫过于辜负青春。

——[意大利] 薄伽丘

不擅长的事情，不但费力气，而且也不容易出成绩。

某单位外贸部有两位年轻人：一位是日语翻译，一位是英语翻译。在单位领导的眼里，两个人都是未来外贸部经理的候选人。为此，在工作上他们常常暗暗较劲，你追我赶。

该单位原先有日商投资，因此单位管理层经常需要和日本人打交道，理所当然的，那位学日语的年轻人就有了经常在公开场合露面的机会。一时间，他在单位的口碑超过了那位英语翻译。

英语翻译坐不住了。为了比对手做得更好，他决定凭着大学时选修过日语的基础，暗暗学起了日语，准备超越对手。

两年过去了，英语翻译拥有了一张日语等级证书。他开始尝试着与日商进行对话，帮助做一些有关日文的翻译任务。一时间同事们对他掌握两门语言都十分地佩服。

但是，就在他自我感觉良好的时候，他在用英语翻译澳大利亚商人的贸易合同时，关键词汇失误，给公司造成了10万美元的损失，公司董事长为此事十分震怒。后来，那位日语翻译成了外贸部经理。

看到这样的结局，反省再三，英语翻译醒悟了过来，这几年自己忙着去学日语，却疏忽了本职专业。可是，他心里更清楚，即使自己再怎么努力学习日语，也是没有对手学得好，因为自己学得很吃力，而且只掌握了一些皮毛而已。这一次，让他更加清醒地明白了自己的真正特长是什么，而以后更不会去拿自己的短处跟人比高低了。

古人云："人贵有自知之明。"这里的"明"不仅表现在如实看待自己的短处，更表现在如实分析自己的长处。每个人都有自己的弱点，也有自己的优点，不能因为自己某方面的能力缺陷而怀疑自己的全部能力。我们不但要看到自己不如人的地方，还要看到自己的长处和过人之处，这样做才能在自己的事业里做到最好，使自己的价值实现到最大化，使自己的努力更有意义。

托尔斯泰在他的自传中曾这样写道："每当我照镜子的时候，一股自我嫌恶感便涌上来，深深地困扰着我，为此我十分难过。我的长相是这么粗糙，一点也没有优雅的气质，尤其这灰而小的眼睛……"看到这段文字，你也许会有些奇怪，这么伟大的人居然对自己这么自卑，但是他战胜了自己的不足，发扬了自己的长处，最终走向了成功的巅峰。

一位哲人说得好："发挥自己的长处，才是努力的正确方向。"在日常生活和工作中，我们不要拿自己的缺点与别人的优点相比，而应尽量发现自己的长处，将它化为信心和力量。

那么到底该如何发现和发挥自己的长处呢？事实上，大多数人都知道自己的弱点是什么，而不是太了解自己的长处所在。如果你说你唱歌很好听，舞跳得很好看，这就是你的长处，那么理解自己的长处就有些片面了，这只能叫作你的特长。你要知道，在你生存的集体中还有很多人都会唱歌跳舞，也许比你唱得跳得还要好。我们这里所说的长处是你自己特有的，别人所无法效仿的，时髦的说法叫作"核心竞争力"。这就需要认真地去研究一下了。

发现自己长处的一个有效方法是利用回馈分析法。这个方法是：每当你做出重大决策或采取重要行动时，事先写下你所预期的结果，9—12个月后，再以实际成果与当初的预期相比较。

这个简单的方法可以在2—3年的时间内显示出我们的长处何在，这是认识自己最重要的一点。它也能显示出由于我们所做或未做的哪些事情，使我们的长处无法充分发挥。它还会显示出哪些地方我们并不特别高明，或哪些地方我们根本毫无希望。

运用回馈分析法分析出自己的长处后，接下来该怎么做呢？

1. 专注于你的长处

做你所擅长的工作，让长处得以发挥。这是成功的关键所在。

2. 加强你的长处

回馈分析法会指出，你在哪一方面需要改进技巧，或需要吸收新知，也会显示你在哪一方面的知识已经落伍了。我们可以借此了解应该加强哪一方面的知识或哪一方面的技能，以免被时代淘汰。

3. 设法克服自己的无知面

找出任何由于知识上的傲慢而造成的严重无知，然后设法克服。

学会了这些，你就可以发现自己到底在哪一方面比较优秀，哪一方面属于自己的"核心竞争力"，然后再努力把它发扬光大。这样才会使你相对于其他人来说，发展得更快。

做事要努力，更要变通

世界潜能大师博恩·崔西对青年人有这样一个忠告："很多事情之所以会失败，就是因为没有遵循变通这一成功原则。"有位哲学家说："你改变不了过去，但你可以改变现在；你想要改变环境，就必须改变自己。"在今天，无论是做人还是做事，我们都应该努力让自己掌握"变则通，通则久"这个高超的智慧法则。

一粒种子落在土里长成树苗后，最好不要去轻易移动它，因为一动就很难成活；而人就不同了，人可以发挥自己的聪明才智，遇到了问题可以灵活地处理，用这个方法不成就换一个方法，总有一个方法是对的。

学会变通，是做人做事的诀窍与智慧。那么，如何通过努

| 智 | 慧 | 心 | 语 |

鹤发不是志，人心无龄期。

——［法］缪塞

力提高自己的变通能力呢？

1. 借助外力为己所用

一个人不管自恃有多大本事，个人的力量毕竟是有限的，却可以借用外力，使自己强大起来，这也是一种变通。

2. 要有勇气应对变化

勇气是什么？勇气是一个哨音，一声呐喊，一个命令，它的作用就是调动起自己全部的能力去迎接变化和挑战。勇气是人的一种非凡力量，它虽然不能具体地去处理某一个问题，克服某一种困难，但这种精神和心态却能唤醒你心中的潜能，帮助你应对一切变化和困难。

3. 有信心开发潜能

所谓信心，就是一种心态潜能。一个人对自己充满信心的时候，常常就是他获得成功的时候。有一位心理学家指出："人的天性里有一种倾向——如果将自己想象成什么样子，就真的会成为什么样子。"

在努力的过程中，要懂得适时退让

有句话说得好："学会退让不等于失败，只是代表暂时的停止。"在努力奋斗的过程中，只有知道如何退让的人，才会知道如何加快速度前进。

吴王阖闾打败楚国，成了南方霸主。吴国跟附近的越国素来不和。公元前496年，越国国王勾践即位。吴王趁越国刚刚遭到丧事，就发兵打越国。吴越两国在携李（今浙江嘉兴西南）发生了一场大战。在这场战争中，吴王阖闾满以为可以打赢，没想到却打了个败仗，自己中箭受了重伤加上上了年纪，回到吴国后，就咽了气。

吴王阖闾死后，儿子夫差即位。阖闾临死时对夫差说："不要忘记报越国的仇。"夫差记住了这个叮嘱，并叫人经常提醒

| 智 | 慧 | 心 | 语 |

命运是一条无尽的因果链条，万事万物皆因此而赖以生存。世界本身的发展也遵循着这一准则与因果关系。

——［古希腊］芝诺

自己。他叫伍子胥和另一个大臣伯嚭操练兵马，准备攻打越国。过了两年，吴王夫差亲自率领大军去打越国。

越国有两个很能干的大夫：一个叫文种，一个叫范蠡。范蠡对勾践说："吴国练兵快三年了。这回决心报仇，来势凶猛，咱们不如守住城，不要跟他们作战。"勾践不同意，带大军去与吴国人作战，两国的军队在太湖一带打上了，越军果然大败。越王勾践带了五千个残兵败将逃到会稽，被吴军围困起来。最后，勾践对范蠡说："懊悔没有听你的话，走到这一步。现在该怎么办？"范蠡说："咱们赶快去求和，主动地退让吧。"

就这样勾践带着夫人及范蠡到了吴国，夫差让他们夫妇俩住在阖闾的大坟旁边的一间石屋里，叫勾践给他喂马，范蠡跟着做奴仆的工作。夫差每次坐车出去，勾践就给他拉马，这样过了两年，夫差认为勾践真心归顺了他，就放勾践回国。勾践回到越国后，立志报仇雪耻。他唯恐眼前的安逸消磨了志气，在吃饭的地方挂上一个苦胆，每逢吃饭的时候，就先尝一尝苦味，还自问："你忘了会稽的耻辱了吗？"他还把席子撤去，用柴草做褥子。

勾践决定要使越国富强起来，他亲自参加耕种，叫他的夫人自己织布，来鼓励生产。在他的努力下，越国终于日益强大了起来，最终以退为进打败了吴国。

勾践"卧薪尝胆"的故事，小时候我们就在课本里学过，但这个发人深省的故事对于今天也很有启发意义。故事中，越王勾践就是在败给对手时，利用了适时退让的对策，也就是"缓兵之计"，最后又加快自己的速度打败了吴国。

在日常生活和工作中，很多人常常会把停止退让和失败、放弃、躲避等词联系在一起，似乎退让总带有某种贬义和消极的色彩。然而，退让却是人世间的节奏。退让包含了很多层意义，我们可以把它看作当下生活的中止，是个积聚能量的过程，在这样的停止中具有快速生长的可能。

我们在滑雪的时候，最大的体会就是不知道如何停下来。刚开始学滑雪的人，看着别人滑雪，觉得很容易，不就是从山顶滑到山下吗？当自己穿上滑雪板从山上滑到山下，结果实际上是滚到山下的，会摔许多个跟斗。滑雪的人都会发现根本不知道怎么停止，怎么去保持平衡。热爱滑雪的人都会反复练习怎么在雪地上、斜坡上停下来。努力练习一段时间后，才学会在任何坡上停止、滑行、再停止。这个时候滑雪者就会发现自己会滑雪了，就敢从山顶上高速地往山下冲。因为滑雪者知道，只要想停，一转身就能停下来。只要能停下来，就不会撞上树、撞上石头、撞上人，也不会被撞死。因此，知道了如何停止，也就知道了如何快速地前进。

我们做任何事，道理都是一样的。一个聪明的人，做事时懂得适时而止，以便更好地前进。在努力奋斗的过程中，不要忘记这个做事方法，它会对你的人生大有帮助。

皮尔·卡丹：我要去巴黎

3岁时，他随父亲离开意大利的乡村，移居到法国。父亲不懂法语，在法国找不到工作，所以这个家庭陷入了贫困，在温饱线上苦苦挣扎。13岁时，他勉强小学毕业，为了生计，不得不辍学到一家小裁缝店当学徒。正是这份工作，使他对服装设计产生了浓厚的兴趣。

虽然吃不饱饭，但他经常空着肚子跑到剧院的舞台后面去观察演员们的绚丽衣着，然后仔细地揣摩这些衣着的造型。而这时，他常常听到人们谈论着这些服装来自巴黎。闲暇时，他喜欢站在百货商店外面，痴迷地看着橱窗里的那些新款服装。而卖服装的人也总是自豪地说："这是地道的巴黎服饰。"

他开始向往这座神秘的城市——巴黎，梦想着有一天，自己能够到那儿去。"我要去巴黎"，这个梦想轻如羽毛，却一直摇曳在这个穷孩子的天空里，不曾落下。

19岁时，他骑着一辆旧自行车，驮着一只破木箱，来到了向往已久的巴黎。虽然吃不饱睡不安，四处流浪，但他却深深地爱上了这个时尚浪漫之都。而就在此时，第二

次世界大战爆发了，乱世之中，他再遭厄运。他被关进了监狱，饱受折磨。虽然失去了自由，但他对服装设计的喜好依然不改，没有纸和笔，他就用手指在牢房的地上画来画去。两年后，他终于获释，身无分文的他又开始四处游荡，后来不得不离开巴黎，来到法国南部城市维希，在一家服装店做学徒。这是一份来之不易的工作，他非常用功，一丝不苟地学习，掌握制衣的每一个细小环节。经过3年清苦的学徒生涯，他逐渐成为店里最好的裁缝。但他一直想念着巴黎，因为巴黎是时尚和潮流的象征，只有那里才是自己展示梦想和才华的舞台。

25岁时，他重返巴黎，在一家叫"帕坎"的时装店做设计。巴黎这座城市给了他力量和灵感。为了能设计出让顾客满意的服装，他寝食难安，服装设计成了他生活的全部。一天，当他走在巴黎大学门前时，一位漂亮的姑娘让他眼前一亮。他想象着，如果按照她的体型来设计一款时装，一定会令人耳目一新。于是他不由自主地跟在了姑娘后面，发现有人跟踪，姑娘便拐进一个胡同拼命奔跑起来，他却穷追不舍。姑娘终于发怒了，警告他如果再跟踪自己就报警。此时他才醒过神来，诚恳地告诉她，自己是一个服装设计师，见她的身材条件很好，想请她做模特，因为怕失去这个机会，所以一直跟着她。

正是这种痴迷，让他的创造能力实现了一次次飞跃，他逐渐成为时装店里最优秀的设计师。但他并未就此满足，他决定凭着自己的才能，独立开创一片服装新天地。

33岁那年春天，他在租来的一间简陋的小屋里，第一

次推出了自己的女装设计，结果一举震惊了整个巴黎。

一个地地道道的农民的儿子，一个没有读过几天书的小裁缝，在战胜苦难之后，终于在巴黎这座时尚之都赢得了认可。从那时起，他一直走在全球时尚领域最前沿，成为名副其实的天下第一裁缝，他的名字叫皮尔·卡丹。

"我要去巴黎，我不知道我的位置距离巴黎有多遥远，但是我坚信，只要心中的梦想之灯一直不灭，脚下的跋涉一直不停，那么再遥远的目标也近在咫尺。"

PART 04

不抬起头，怎么拥抱阳光

退一步，换个角度思考，可以使问题变得更简单；换个立场看人，可以更宽容地处世；换个心态看人生，可以感受到更多的美好。只要你心无挂碍，什么都看得开、放得下，何愁没有快乐的春莺啼鸣，何愁没有快乐的泉溪歌唱，何愁没有快乐的鲜花绽放！

人生的意义就在于人的自我完善。

——［苏联］高尔基

人生的痛苦

一个师傅对于徒弟不停地抱怨这抱怨那而感到厌烦，于是，他决定告诉徒弟一些道理。

一天早上，师傅派徒弟去取一些盐回来。

徒弟很不情愿地把盐取回来，师傅让徒弟把盐倒进水杯里喝下去，然后问他味道如何。

徒弟吐了出来，说："很咸。"

师傅笑着让他带着自己和一些盐一起去湖边。

一路上，他们没有说任何话。

来到湖边，师傅让徒弟把盐撒进湖水里，然后对徒弟说：

"现在你喝点湖水。"

徒弟喝了口湖水。师傅问："什么味道？"

徒弟回答："很清凉。"

| 智 | 慧 | 心 | 语 |

命运是自然规律的对立面，自然规律是某种人们试图推测并加以利用的东西，但命运不是。

——[奥地利] 维特根斯坦

师傅问："尝到咸味了吗？"

徒弟说："没有。"

师傅坐在这个总爱怨天尤人的徒弟身边，握着他的手说："人生的苦痛如同这些盐，有一定数量，既不会多也不会少。我们承受痛苦的容积的大小决定痛苦的程度。所以当你感到痛苦的时候，就把你承受的容积放大些，不是一杯水，而是一湖水。"

大卫经常加班到深夜，一天，大卫又加班了。下班后，他沿着一条灯光昏暗的小径走回家，当他经过一片茂密的丛林时，突然听到有人挣扎和呼救的声音。他慌乱地停下脚步，仔细聆听，没错，那是两个人扭打的声音，间或夹杂着衣服被撕裂的声音。他立刻明白了，离他咫尺之遥，一个女人被一个强盗袭击了！这时，大卫的思想挣扎着，到底该不该介入这件事呢？一方面他担心自己的安危，如果也成为另一个牺牲者怎么办？另一面他的心里强烈地诅咒着为什么要在今天晚上选择这条小路回家？他在想，也许应该跑到附近的电话亭给警察打个电话报案就行了，可是，大卫听见那个女孩的呼吸和挣扎声越来越微弱了，他知道自己现在一定要有所行动，绝不能就这样袖手旁观，难道就这样让歹徒溜之大吉？不行！他好像忽然有了勇气，下了决定：就算是冒着生命的危险，也绝不能让那个弱女子受到歹徒侵犯。他不知道从哪里来的勇气和胆量，立刻冲到丛林后面，将歹徒从那个女人身边拉开。大卫和歹徒扭打成一团，倒在地上滚来滚去。最后，歹徒终于放弃，逃走了。

大卫气喘吁吁地从地上爬起来，看见那个蹲在黑暗之中的女孩仍在啜泣，大卫看不清她的长相，只知道她在不停地发抖，大卫怕再吓到她，于是跟她保持了一段距离，轻轻地说："女士，好了，那个人已经走了，你现在已经安全了。"接着就是一段长长的沉默，然后他听到她开口说话："爸爸！是我呀！"然后，大卫看见自己最小的女儿凯萨琳站起身来。大卫惊喜万分。

世上有很多人都觉得即使做了好事也不一定有好的回报。我们也常听人说：好心没好报。很多案例似乎也在支持这个论点。而在这个故事中，男主角冒着生命危险去援助一个受侵袭的不知名女子，结果他救回的是自己的女儿。按常理来说，他绝不可能打败那个强暴犯，但他勇敢的决心，使他获得不知从何而来的力量，赢得了胜利。

我们并不需要去想做了好事就要有回报，认为对的事就去做，不要愧对良心，这才是最好的回报。

斯恩德有三个孩子，两个儿子，一个女儿，他要求三个孩子每天都到菜园里拔杂草。三个孩子都非常不愿意，但没有人反对，他们知道父亲的脾气。每天放学后，他们都乖乖地去菜园拔草。开始的时候，他们会互相埋怨。

大儿子说："弟弟，你只管往前冲，根本不管身后的草是否拔干净，总是要我帮你拔干净。"

二儿子说："难道你没看到，我拔得最多吗？你怎么不说妹妹，我拔了一大片，她才拔了几棵！"

小妹妹哭了："我的手上都起泡了，还有，我的花裙子又弄脏了。"

菜园的草其实并不好拔，有时会将菜苗一起拔掉，有时一不小心就会被杂草的尖刺划破手指。没等拔完这块地的草，一场雨下来，那块地里又冒出了小草尖尖的脑袋。每天放学，孩子们都要到菜园里忙碌着。渐渐地，孩子们不但学会了拔草，而且也不再互相抱怨，因为他们已经学会了忍耐。

因为孩子们的努力，菜园里没了杂草，蔬菜长得郁郁葱葱，而孩子们也不再那么讨厌这项工作了。

一天，大儿子说，他马上要去州立大学读书了，所以以后不能去菜园拔草了。临走时他说："真舍不得啊，这么漂亮的一片菜地。"于是，菜园里只剩下老二和妹妹了。

不久后，二儿子也宣布，他也要去远方读大学，不能去菜园拔草了。

最后轮到了小女儿，她走的时候恋恋不舍地对父亲说："以后，谁来拔菜园里的杂草呢？"

父亲说："不用担心，我有除草剂呢！"

小女儿凯妮不解说："既然有除草剂，为什么还要让我们花费时间去拔草呢？"

父亲舒心地笑了："现在你们兄妹三人都上了大学，不能忘了这拔草的功劳。拔草时，你们学会了忍耐，学会了宽容。要知道，心中的杂草靠除草剂可不行，那要靠自己动手才能拔除。"

一公斤的面包

曾经有一个面包店的老板气冲冲地跑到法院控告长年为他供应鲜奶油的农场主人欺诈。法官开庭审理了这个案件，根据面包店老板提出的控诉，指出农场主人在供应鲜奶油时，克扣鲜奶油的斤两。法官询问农场主人是否有什么申辩。

农场主人被法院莫名其妙地传讯，一直搞不清楚是什么事，直到此时才搞清楚原来是这么一回事，他不服地对法官说，每次运给面包店的鲜奶油，重量都事先自行称过，绝不会有短斤少两的事情。他认为这是一场误会。

面包店的老板听到农场主的辩词，马上提出有力的证据，将农场主人前一天刚送到，还没有开封的鲜奶油，呈上堂前。

法官验证，这罐鲜奶油的包装上写着重量是一公斤，但实际称完，却只有八百多克的重量。法

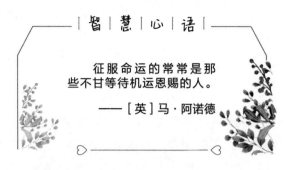

官当场质问农场主人，这个奶油的重量明明不够，为什么还狡辩。

农场主人很无辜地对法官表白，在乡下，农场中没有磅秤，一向都是用传统的天平来称重量的。而他每次运送鲜奶油给面包店老板时，都会顺便买一公斤重的面包回农场，作为一家大小的餐点。为了省事，农场主人会在天平的一端放上买回来的那一公斤面包，另一边则摆上相等重量的鲜奶油，准备着下次运送给面包店老板。

法官听完农场主人的陈述，望着满脸涨得通红的面包店老板，一时竟不知道这个案子该如何判决。

人们总是喜欢用放大镜来审视别人不尽完善之处；对于自己的缺点，却喜欢使用望远镜，仿佛它根本不在我们身边一般。

在一个村庄，一对年轻夫妇过着幸福的生活。后来女主人有了身孕，很不幸，女主人因难产而死，留下了一个孩子。

男主人不但忙于生活，又忙于看家，没有时间看管孩子，又没有人帮忙，于是他就训练了一条狗，那条狗聪明听话，可以帮忙照顾小孩，咬着奶瓶喂奶给孩子喝。男主人很信任这只

狗。

一天，男主人因为有事出门，临走前嘱咐那条狗好好照顾孩子。

男人来到别的村子，因为遇上大雪，当天赶不回家，只有等到第二天赶回去，当他来到家门口，那条狗听到主人的声音立刻迎出来。男主人进门一看，到处是血，床上也是血，而孩子却不见了，这时只有狗在屋子里，满嘴也是血。男主人看见这种情形，认为是狗把孩子吃掉了，一怒之下，男人拿起刀来把狗杀了。

这时，男人忽然听到孩子的声音，然后见他从床底下爬了出来，男人抱起孩子，他身上虽然有血，但并没有受伤。

他很奇怪，不知道究竟发生了什么事，再看狗，腿上的肉没有了，旁边有一只狼，口里咬着狗的肉。原来是狗救了小孩子，却被他误杀了。

误会的事，是人往往在不了解、缺乏理智、没有耐心、缺少思考、未能多方体谅对方、感情极为冲动的情况之下所发生的。

误会一开始，就只想到对方的千错万错，因此会使误会越陷越深，弄到不可收拾的地步。

在你决定做某件事情的时候，一定要三思而后行，世间没有后悔药。

在一次关于时间管理的课上，教授在桌子上放了一个装水的罐子。然后又从桌子下面拿出一些正好可以从罐口放进罐子里的鹅卵石。当教授把石块放完后问他的学生道："你们说这罐子是不是满的？"

所有的学生异口同声地回答说："是。"

"真的吗？"教授笑着问。然后再从桌底下拿出一袋碎石子，把碎石子从罐口倒下去，摇一摇，再加一些，又问学生："你们说，这罐子现在是不是满的？"

这回学生们不敢回答得太快。最后班上有位学生怯生生地细声回答道："也许没满。"

"很好！"教授说完后，又从桌下拿出一袋沙子，慢慢地倒进罐子里。倒完后，于是再问班上的学生："现在你们再告诉我，这个罐子是满的呢？还是没满？"

"没有满。"全班同学这下学乖了，大家很有信心地回答说。

"好极了！"教授再一次称赞这些的学生们。称赞完后，教授从桌底下拿出一大瓶水，把水倒在看起来已经被鹅卵石、小碎石、沙子填满了的罐子里。当这些事都做完之后，教授严肃地问他班上的同学："我们从上面这些事情得到什么重要的启示？"

班上沉默了一会，然后一位自以为聪明的学生回答说："无论我们的工作多忙，行程排得多满，如果要逼一下的话，还是可以多做些事的。"这位学生回答完后心中很得意地想："这门课讲的不就是时间管理吗！"

教授听到这样的回答后，点了点头，微笑道："答案不错，但并不是我要告诉你们的重要信息。"说到这里，这位教授故意顿住，用眼睛向全班同学扫了一遍，说："我想告诉各位的最重要的信息是，如果你不先将大的鹅卵石放进罐子里去，你也许以后永远没机会把它们再放进去了。"

对于工作中林林总总的事件，可以按重要性和紧急性的不同组合确定处理的先后顺序，使鹅卵石、碎石子、沙子、水都能放到罐子里去。对于人生旅途中出现的事件也应这样处理。也就是平常所说的处在哪一年龄段要完成哪一年龄段应完成的事，否则，时过境迁，到了下一年龄段就很难有机会补救了。

蜡烛的光芒

　　一位睿智的父亲，想要考验三个儿子的聪明才智，于是，他想出了一道题。父亲分别给了三个儿子每人 100 元钱，让他们拿这 100 元钱去买自己所能买到的任何东西，用这些东西设法装满一个占地超过 100 平方米的大仓库。

　　大儿子思考很久，决定将 100 元钱全部用来买最便宜的稻草。结果，稻草运回来之后，连仓库的一半都没有装满。

　　二儿子则用这 100 元钱买了一捆捆棉花，将棉包拆开，希望能装满仓库。但是依然装不满仓库的 2/3。

　　小儿子看着两个哥哥的举动，等他们试过并失败之后，他轻松地走进仓库，将所有的窗户牢牢关上，请父亲也走进仓库。

然后小儿子把仓库的大门关好，整个仓库霎时变得伸手不见五指，黑暗无比。这时，小儿子从口袋

中拿出他花了1元钱买来的火柴，点燃了1元钱买的蜡烛。

顿时，漆黑的仓库中充满了蜡烛所发出的光芒，虽然微弱，却是温暖无比。

一味地追求物欲或仅仅用物质来满足自己，那是无法满足空虚的心灵的。只有爱才能给人带来温馨，才能填满空虚的心灵。

一个老人静静地坐在小镇郊外的马路边。

这时，一个陌生人开车来到这里，看到了老人，便停下车打开车门，问："老先生，请问这个城镇叫什么名字？住在这里的人是哪类人？我想寻找一个新的居住地！"

老人抬头看了一眼这个陌生人，回答说："请你告诉我，你原本居住的小镇中有什么样的人。"

陌生人说："他们都是一些毫无礼貌、自私自利的人。住在那里简直无法忍受，根本没有快乐，这也正是我想搬离的原因。"

听到这些话，老人说："先生，恐怕这里会再次让你失望，

这个镇上的人和他们完全一样。"陌生人怏怏地离开了。

一段时间后，小镇上又来了一个陌生人，向老人提出了同样的问题："住在这里的是哪一种人呢？"

老人也用同样的问题来反问他："你现在居住的镇上的人怎么样？"

陌生人回答："我原本住的那个小镇上的人都非常友好、善良。我和家人在那里度过了一段美好的时光，但因为职业的原因不得不离开那里，希望能找到一个和以前一样好的小镇。"

老人说："你很幸运，年轻人，居住在这里的人都是跟你们那里完全一样的人，你将会喜欢他们，他们也会喜欢你的。"

如果眼睛是太阳，那么看到的也是太阳；如果眼睛是黑暗，那么看到的也是黑暗。看待人生和社会，一定要有辩证的思维、科学的态度，不能追求完美。

一个农夫的斧头掉进了河里，他坐在河边伤心地哭起来。财神便跳进水中帮他打捞，很快捞出了一把金斧头，农夫却摇头说："这不是我的。"财神又捞出一把银斧头来，工人还是摇头。最后，他拿出了一把铁斧头，农夫说："这才是我失去的斧头。"财神就把金斧头和银斧头一起送给了他。

一个贪心的家伙知道了，他故意把斧头扔进河里。很快，财神捞出一把金斧头来，没等财神问他，他马上说："这就是我丢失的那一把。"财神厌恶他不诚实，就和金斧头一起消失了。这个人最终连自己的斧头也找不到了。

许多人都认为欺骗、说谎话是一种有利的行为，以为欺骗的手段是很值得使用的。所以许多声誉好的商店，也往往要掩饰自己商品的缺点，登载各种欺骗顾客的广告。有些人甚至以为，在商业活动中，欺骗的手段与资本一样必需。他们不明白，在他们多得到一分金钱的同时却损失了诚实的品格。

待人应以诚信为本。不虚美，不隐恶。

宋朝丞相张知白向朝廷推荐年轻的晏殊。朝廷召晏殊来到宫殿，正逢真宗皇帝殿试，就命令晏殊参加考试。晏殊见到试题后说："这首赋我在10天前已作过，请皇上另出别的试题。"他的诚实博得了真宗的喜爱。之后，晏殊在朝廷担任了官职。有一天，太子东宫缺官，内廷批示让晏殊担任。主事官不知道是何原因。第二天皇上对他说："近来听说馆阁里的巨僚，没有一个不宴乐玩赏的，只有晏殊与兄弟埋头读书，如此谨慎持重，正可以担任东宫官。"主事官明白了其中的原因。

晏殊接受了任命，皇上又当面向他说明任命他的原因。晏殊听了后，说："臣下不是不喜欢宴乐和游玩，只不过是因为贫穷玩不起啊。臣下如有钱，也想去玩的。"皇上对他的诚实倍加赞赏。宋仁宗时，他终于做了宰相。

虽然有些实话可能引起对方的不快或误会，但终究会被人理解，博得对方的信任。

诚实是人生的一种美德，尽管诚实的人有时会被人嘲笑，但最终能坦然面对人生的人一定是诚实的人。

诚实是人世间最珍贵的宝物，是每个人都应当坚守的优秀品质。就算是向人诚实承认自己的错误，而受到严厉惩罚，你也应该这样做，因为做人理应如此。

据历史记载，杨修是曹操门下掌库的主簿。此人生得单眉细眼，貌白神清，博学能言，智识过人。但他自恃其才，竟小觑天下之士。

一次，曹操命人建一座花园。快竣工了，监造花园的官员请曹操来验收。曹操看完花园之后，是好是坏、是褒是贬一句话也没有说，只是拿起笔来，在花园大门上写了一个"活"字，便扬长而去。一见这情形，大家犹如丈二和尚，摸不着头脑，怎么也猜不透曹操的意思。杨修却笑着说道："门内添'活'字，是个'阔'字，丞相是嫌园门太阔了。"

官员见杨修说得有道理，立即返工重建园门，改造停当后，又请曹操来观看。曹操一见重建后的园门，不禁大喜，问道："谁知道了我的意思？"

左右答道："是杨修主簿"。

曹操表面上称赞杨修聪明，其实内心已开始忌讳杨修了。

又有一回，塞北送来一盒酥饼孝敬曹操，曹操没有吃，只是在礼盒上亲笔写了三个字——"一合酥"，放在案头上，自己径直出去了。屋里其他人有的没有理会这件事，有的不明白曹丞相的意思，不敢妄动。这时正好杨修进来看见了，便堂而皇之地走向案头，打开礼盒，把酥饼一人一口地分吃了。曹操进来见大家正在吃他案头的酥饼，脸色变了，问："为何吃掉了酥饼？"

杨修上前答道："我们是按丞相的吩咐吃的。"

"此话怎讲？"曹操反问道。

杨修从容地应道："丞相在酥盒上写着'一人一口酥'，分明是赏给大家吃的，难道我们敢违背丞相的命令吗？"

曹操见杨修又识破了他的心意，表面上乐哈哈地说："讲得好，吃得对，吃得对！"其实内心已对杨修产生厌恶之情了。杨修还以为曹操真的欣赏他，所以不但没有丝毫收敛，反而把心智用在捉摸曹操的言行上，并不分场合地卖弄自己的小聪明，从而也不断地给自己埋下祸根。

杨修最后一次聪明的表露是在曹操自封为魏王之后，曹操亲自引兵与蜀军作战，战事失利，进退不能。曹操数次进攻蜀军都不能奏效，长期拖下去，不仅耗费钱粮而且会挫伤士气，真的撤兵无功而归，又会遭人笑话。是进是退，当时曹操心中犹豫不决。

此时厨子呈上鸡汤，曹操看见碗中有鸡肋，因而有感于怀，觉得眼下的战事，有如碗中之鸡肋："食之无肉，弃之可惜"。

正沉吟间，夏侯惇入帐禀请夜间号令。曹操随口说："鸡肋！鸡肋！"夏侯惇传令众官，都称"鸡肋"。杨修见传"鸡肋"二字，便叫随行军士各自收拾行装，准备归程。

有人报知夏侯惇。夏侯惇大惊失色，立即请杨修到帐中问他："为什么叫人收拾行装？"

杨修说："从今夜的号令便知道魏王很快就要退兵回去了。"

"你怎么知道？"夏侯惇又问。

杨修笑道："鸡肋者，吃着没有肉，丢了又觉得可惜。魏王的意思是现在进不能胜，退又害怕人笑话，在此没有好处，不如早归，明天魏王一定会下令班师回转的。所以我先收拾行装免得临行慌乱。"

夏侯惇说："您可算魏王肚里的蛔虫，知道魏王的心思啊！"他不但没有责怪杨修，反而也命令军士收拾行装。于是寨中各位将领，无不准备归计。

当夜曹操心乱，不能入睡，就手持宝剑，绕着军寨独自行走。只见夏侯惇寨内军士，各自准备行装。曹操大惊，我没有下达撤军命令，谁竟敢如此大胆，做撤军的准备？

他急忙回帐召夏侯惇入帐，夏侯惇说："主簿杨修已经知道大王想归回的意思。"曹操叫来杨修问他怎么知道，杨修就以鸡肋的含意对答。曹操一听大怒，说："你怎敢造谣乱我军心！"不由分说，叫来刀斧手将杨修推出去斩了，把首级悬在辕门外。曹操终于寻得机会，除掉了杨修，杨修也终于结束了他聪明的一生。

杨修确实够聪明，聪明得能看透别人看不到的很多东西，能猜透别人猜不透的许多事情。然而，他又太愚蠢了，愚蠢得不知如何保护自己。终于，他表面的聪明使他不可避免地走上了绝路。他到死都不明白，正是他的过分外露的聪明使他成了刀下鬼。

名誉的价值

在你的工作与生活中，没有可以随意打发糊弄的小人物、小事情，"种下什么种子，将来必定收获什么样的果子"。

五年前，小王还在一家营销策划公司工作，当时一位朋友找小王，说他们公司想做一个小规模的市场调查。朋友说，这个市场调查很简单，他自己再找两个人就完全能做，希望小王出面把业务接下来，他去运作，最后的市场调查报告由小王把关，完成后会给小王一笔费用。这的确是一笔很小的业务，没什么大的问题。报告出来后小王也很明显地看出其中的水分，但小王只是做了些文字加工和改动，就把它交了上去。对小王而言，这件事就这样过去了。

有一天，几位朋友拉小王组成一个项目小组，一块去完成

北京新开业的一家大型商城的整体营销方案。不料，对方的业务主管明确提出对小王的印象不好，

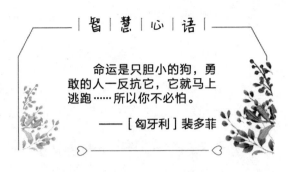

原来这位先生正是那个市调查项目的委托人。

因果循环，小王目瞪口呆，也无从解释些什么。

这件事给小王以极大的刺激，现在回头来看，当时小王得到的那点钱根本就不值一提，但为了这点钱，小王竟给自己造成了如此之大的负面影响！

许多时候，我们会不经意地处理、打发掉一些自认为不重要的事情，但这种随意、不负责、不敬业或者是不道德的行为会造成一些很不好的影响或后果，在你以后的人生道路上，它将在某个时候突然显现出来，令你对当年的行为追悔不已。

不要因贪图小利而毁了自己的名誉。一个人的信誉比任何物质都更有价值。所以千万不要打发糊弄任何事，即使是很不起眼的工作。

以前在大西洋沿岸有一位农场主，他在那里有大片的耕田，于是，他很想找一个帮工。但即使他不断地张贴雇用人手的广告，还是没有人来应聘，就是因为大西洋沿岸的风暴总是把沿岸的建筑和庄稼摧毁。终于有一天，一个又矮又瘦的中年男人前来应聘。

农场主看到他后，便问："你会是一个好帮手吗？"

应聘者回答："就算是飓风来了，我都可以睡着。"

虽然听上去应聘者的话有点狂妄，农场主的心里也有点怀疑，但他还是雇用了这个应聘者，因为他太需要人手了。

应聘者来了之后，把农场和耕田的事物都打理得井井有条，每天从早忙到晚，这让农场主十分满意，自己没有找错人，也就不再怀疑他的能耐。

不久后的一个晚上，海上狂风大作。农场主立刻跳下床，抓起一盏提灯，急急忙忙地跑到工人睡觉的地方，使劲摇晃睡梦中的工人，大叫道："快起来！暴风雨就要来了！在它卷走一切之前把东西都拴好！"

工人不紧不慢地翻了个身，照样睡觉，只是回了农场主说："先生。我告诉过你，当暴风雨来的时候，我也能睡着的。"

农场主被他的回答气坏了，真想当场就把他给解雇了。事情紧急，他只能先强压着火气，赶忙跑到外面，为即将到来的暴风雨做准备。而当他跑到外面的时候，大吃一惊，所有的干草堆都早已被盖上了焦油防水布，牛在棚里，鸡在笼中，所有房间门窗紧闭，每件东西都被拴得结结实实，没有什么能被风吹走。这时候，农场主终于明白应聘者应聘时说的那句话。

应聘者之所以能够在暴风雨来的时候还能睡着，就是因为他已经为农场平安渡过风暴做足了准备。如果你在精神、心理、身体等方面都做好了准备，那么就没有什么东西可以令你害怕了。

　　纽约自由街 114 号的麦哈尼，专门经销石油所使用的特殊工具。一次他接受了长岛一位重要主顾的一批订单，图纸呈上去，得到了批准，工具便开始制造了。然而，一件不幸的事情发生了：那位买主同朋友们谈起这件事，他们都警告他，他犯了一个大错，他被骗了。一切都错了，太宽了，太短了，太这个，太那个……他的朋友们把他说得发火了。于是，他打了一个电话给麦哈尼先生，发誓不接受已经在制造的那一批器材。

　　"'我仔细查验过了，确知我方无误，'麦哈尼先生事后说，'我知道他和他的朋友们都不知所云，可是，我觉得，如果这样告诉他，将很危险。'我到了长岛。当我走进办公室，他立刻跳起来，一个箭步朝我冲过来，话说得很快。他显得很激动，一面说一面挥舞着拳头，竭力指责我和我的器材，而我却耐心地听着。结束的时候，他说：'好吧，你现在要怎么办？'

　　"我心平气和地告诉他，我愿意照他的任何意见办。我说：'你是花钱买东西的人，当然应该得到适合你用的东西。可是总得有人负责才行啊！如果你认为自己是对的，请给我一张制造图纸，虽然我们已经花了 2000 元钱，但我们可以不提这笔钱。为了使您满意，我们宁可牺牲这 2000 元钱。但我得先提醒你，如果我们照你坚持的做法，你必须负起这个责任。但如果你放手让我们照原定的计划进行，我相信，原计划是对的，我们可以保证负责。'

　　"他这时平静下来了，最后说：'好吧！照原计划进行。但若是错了，上天保佑你吧。'

　　"结果没错。于是他答应我，本季还要向我们订两批相似的货。

"当那位主顾侮辱我，在我面前挥舞拳头，而且还说我外行的时候，我要维护自己而又不同他争论，真需要有高度的自制力。的确，我们常常需要极度的自制，但结果很值得。要是我说他错了，开始争辩起来，很可能要打一场官司，感情破裂，损失一笔钱，失去一位重要的主顾。所以，我深信，用这种方法来指出别人错了，是划不来的。"

漂亮的出租车

一个刚下飞机的客人在机场搭了一辆出租车，出租车上铺了羊毛地毯，地毯边上缀着鲜艳的花边，玻璃隔板上镶着名画的复制品，车窗也一尘不染。客人很惊讶地说："我从来没搭过这样漂亮的出租车。"

司机笑着回答："谢谢你的夸奖。"

客人问他："你是怎么想到把你的车装饰得如此漂亮呢？"

"车不是我的，是公司的。几年前，我在公司做清洁工人，每辆出租车晚上回来的时候都像垃圾堆。地上都是烟蒂和垃圾，座位或车门把手上甚至有花生酱、口香糖之类的东西。那时候我想，如果车里保持清洁的话，那乘客也许会多为别人着想一点。
于是，后来当
我领到出租车
牌照后，我就
按自己的想法
把车收拾成这
样了。每位乘

客下车后，我都要察看一下，一定替下一位乘客把车收拾得
十分整洁。我的出租车回公司时仍然一尘不染。"

"从开车到现在，客人从来没有让我失望过。没有一根烟
蒂要我捡，也没有花生酱或冰淇淋甜筒，更没有一点垃圾。先
生，我觉得，人人都欣赏美的东西。如果我们的城市里多种些
花草树木，把建筑物弄得漂亮点，我敢打赌，一定会有更多的
人愿意把垃圾送进垃圾箱。"

你用心珍惜，他人自然会有所感受。当我们不再将眼睛盯
着别人，回到自己的心灵世界，将尘埃打扫干净，你会发现自
己愉快了，别人也会跟着愉快。

一味地要求他人倒不如更多地反躬自问，尊重自己必能得到
别人的尊重。

古希腊著名思想家、科学家、哲学家泰勒斯，出身于统治
米利都的贵族家庭，既有很高的政治地位，又很有钱。但他为
了求知到东方的埃及去旅行和学习，回来后又继续钻研科学知
识。这样一来，他所继承的家产花费得所剩无几。

某天夜晚，泰勒斯仰面朝天向一个广场走去，他正一心一

意地观察天上的星辰，没注意前面有个土坑，一失足，整个身子都掉进坑里了。

有个商人走过来奚落说："你自称能够认识天上的东西，却不知脚下是什么。你研究学问得益真大啊，跌进坑里就是你的学问给你带来的好处吧！"

泰勒斯爬出坑，镇定地答道："只有站得高的人，才有从高处跌进坑里去的权利和自由。像你这样不学无术的人，是享受不到这种权利和自由的。没有知识的人，就像本来就躺在坑里从来没爬出来过一样，又怎么能从上面跌进坑里去呢！"他机智的反驳，使那个商人自讨了个没趣。

但是，那个商人不想认输，继续挖苦泰勒斯说："可你渊博的知识能给你带来什么呢？金子还是面包？"

泰勒斯说："咱们走着瞧吧！"

他运用丰富的天文、数学和其他科学知识，经过周密的预测和计算，断定第二年将是橄榄的丰收年。他变卖家产，用相当廉价的租金租了附近所有的橄榄榨油器。第二年，橄榄果真获得大丰收，人们争相租用榨油器。这时，泰勒斯转而用很高的价钱出租榨油器。

一天，泰勒斯见那个曾嘲笑过他的商人也来求租，就上前说："尊贵的富翁啊，看到了吧？这些榨油器都是我用知识得到的。像你这样的富翁也只好求助于我。然而，我追求的不是这几个钱，而是为了证明科学知识对人的生活是大有用处的。知识是无价之宝，是最伟大的力量！"

峭壁虽险峻，却留不住雨水；水缸虽肚大，却只能容担水；唯有大海，才以她广阔的胸怀，受八州水而不满，旱九年而不枯。

自高自大之人，如峭壁，自以为知识渊博，高出常人，实际上徒有其表，没有一点真才实学，学过的知识如溜过峭壁的雨水，没有留下一星半点。自狭者，如水缸，肚子看来不小，却容不下多少水，"过其量则溢矣"。

善于学习的人，就要用大海一样的胸怀来装知识，把自己学的知识比作大海中的一滴水。对于浩瀚的大海，一滴水显得微不足道，要使大海不枯竭，只有不断学习，博采众长，奋力拼搏，不断地充实自己，才能成为社会的栋梁之才。

瞧得起自己

一位留学美国的中国学生和朋友谈起了自己视野的变化。

由于小学成绩优秀，他考上了县城的中学。他发现自己再不能像在小学时那样稳拿第一了，于是产生了嫉妒：比自己好的同学原来都有六棱好铅笔，自己却没有，天道不公啊！经过几年的苦读，他居然又成为县中学的第一了。而他又觉得：人与人之间还是不平等的，为什么自己没有好钢笔呢？

中学毕业后，他考上了北京的某所大学，可好景不长，他的学习成绩连中等也保不住了。看到城里的同学是好铅笔成堆，好钢笔成把，早上蛋糕牛奶，晚上香茶水果，想想自己，早上一个窝头还舍不得吃完，还要给晚上留一半。"公平"又从何谈起呢？

> ### 智 | 慧 | 心 | 语
>
> 人生的命运是多么难以捉摸啊！它可以被几小时内发生的事而毁灭，也可以由几小时内发生的事而得到拯救。
>
> ——［美］欧文·斯通

5 年后，他留学到美国，亲眼看到了五光十色的西方世界，所有的嫉妒、自卑、怨恨却忽然一扫而光了。原来自己选取的比较标准发生了变化，看到的不再是自己的同学、同事和邻居，而是整个世界。

这个世界上只有一件事是最重要的，那就是自己得瞧得起自己，至于别人怎么说、怎么认为反而是一件无足轻重的小事。

世上有走不完的路，也有过不了的河。遇到过不了的河掉头而回，这也是一种智慧。但真正的智慧还是不要因为小挫折而灰心丧气，最后影响了你的人生脚步。

其实，在生活中我们应该保持一种适应环境、改造环境的积极心态，而不要一味地消极沉寂下去。

和谐难得，和谐又从何而来？往往是，如果我们以一种好的心态去待人接物，无论是生活还是工作，和谐便至。

第二次世界大战刚结束的一天晚上，卡尔在伦敦受到了一个极有价值的教训。有一天晚上，卡尔参加一次宴会。宴席中，坐在卡尔右边的一位先生讲了一个幽默的笑话，并引用了一句话，大意是"谋事在人，成事在天"。

他说那句话出自《圣经》，但他错了。卡尔知道正确的出处，为了表现出优越感，卡尔很讨嫌地纠正他。那人立刻反唇相讥："什么？出自莎士比亚？不可能，绝对不可能！那句话出自《圣经》。"他自信确定如此！

那位先生坐在右首，卡尔的老朋友弗兰克·格蒙在他左边，他研究莎士比亚的著作已有多年。于是，他们俩都同意向格蒙请教。格蒙听了，在桌下踢了卡尔一下，然后说："卡尔，这位先生没说错，《圣经》里有这句话。"

那晚回家路上，卡尔对格蒙说："弗兰克，你明明知道那句话出自莎士比亚。"

"是的，当然，"他回答，"《哈姆雷特》第五幕第二场。可是亲爱的卡尔，我们是宴会上的客人，为什么要证明他错了？那样会使他喜欢你吗？为什么不给他留点面子？他并没有问你的意见啊！他不需要你的意见，为什么要跟他抬杠？应该永远避免跟人家正面冲突。"

十之八九，争论的结果会使双方比以前更相信自己绝对正确，你赢不了争论。要是输了，当然你就输了；即使赢了，但实际上你还是输了。为什么？如果你的胜利使对方的论点被攻击得千疮百孔，证明他一无是处，那又怎么样？你会觉得洋洋自得，但他呢？他会自惭形秽，你伤了他的自尊，他会怨恨你的胜利。而且一个人即使口服，但心里并不服。

天底下只有一种能在争论中获胜的方式，那就是避免争论。避免争论，就像避免响尾蛇和地震那样。

有个爱尔兰人，名叫欧·哈里，他受的教育不多，可是就爱抬杠。他当过人家的汽车司机，后来因为推销卡车不成功而来求助于经理。经理听了几个简单的问题，就发现他老是跟顾客争辩。如果对方挑剔他的车子，他立刻会涨红脸大声强辩。欧·哈里承认，他在口头上赢得了不少的辩论，但并没能赢得顾客。他后来对经理说："在走出人家的办公室时我总是对自己说，我总算整了那混蛋一次。我的确整了他一次，可是我什么都没能卖给他。"

经理的第一个难题不在于怎样教欧·哈里说话，经理着手要做的是训练他如何自制，避免口角。

欧·哈里现在是纽约怀德汽车公司的明星推销员。他这样讲述自己的推销策略："如果我现在走进顾客的办公室，而对方说：'什么？怀德卡车？不好！你要送我我都不要，我要的是何赛的卡车。'我会说：'老兄，何赛的货色的确不错，买他们的卡车绝对错不了，何赛的车是优良产品。'"

"这样他就无话可说了，没有抬杠的余地。如果他说何赛的车子最好，我说没错，他只有住嘴了。他总不能在我同意他的看法后，还整个下午地说'何赛车子最好'。我们接着不再谈何赛，而我就开始介绍怀德的优点。当年若是听到他那种话，我早就气得脸一阵红、一阵白了——我就会挑何赛的错，而我越挑剔别的车子不好，对方就越说它好。争辩越激烈，对方就越喜欢我竞争对手的产品。现在回忆起来，真不知道过去是怎么干推销的！以往我花了不少时间在抬杠上，现在我守口如瓶了，果然有效。"

正如明智的本杰明·富兰克林所说的："如果你老是抬杠、反驳，也许偶尔能获胜，但那只是空洞的胜利，因为你永远得不到对方的好感。"

因此，你自己要衡量一下，你是宁愿要一种表面上的胜利，还是要别人对你的好感？

你可能有理，但要想在争论中改变别人的主意，你一切都是徒劳。

忍之有道

自古以来，只要看一个人的涵养和行事的风格，就知是否可以成为可塑之才，是否有大将之风，是否可成为人上人。除了常识与能力，全视其能否将情绪操控得当。一个人的涵养来源于他的修养，有修养之人都懂得控制情绪。遇事不能冷静，并且以某种极端手段处之的人，绝不是一个有修养的人。

隋朝的时候，隋炀帝十分残暴，各地农民起义风起云涌，隋朝的许多官员也纷纷倒戈，转向帮助农民起义军。因此，隋炀帝的疑心很重，对朝中大臣，尤其是外藩重臣，更是易起疑心。

唐国公李渊（即唐太祖）曾多次担任中央和地方官，所到之处，悉心结纳当地的英雄豪杰，多方树立恩德，因而声望很

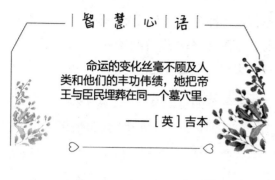

命运的变化丝毫不顾及人类和他们的丰功伟绩，她把帝王与臣民埋葬在同一个墓穴里。

——［英］吉本

高，许多人都来归附。这样，大家都替他担心，怕遭到隋炀帝的猜忌。正在这时，隋炀帝下诏让李渊到他的行宫去晋见。李渊因病未能前往，隋炀帝很不高兴，多少产生了猜疑之心。当时，李渊的外甥女王氏是隋炀帝的妃子，隋炀帝向她问起李渊未来朝见的原因，王氏回答说是因为病了，隋炀帝又问道："会死吗？"

王氏把这消息传给了李渊，李渊更加谨慎起来，他知道迟早为隋炀帝所不容，但过早起事又力量不足，只好隐忍等待。于是，他故意败坏自己的名声，整天沉湎于声色犬马之中，而且大肆张扬。隋炀帝听到这些，果然放松了对他的警惕。这样，才有了后来的太原起兵和大唐帝国的建立。

情绪处理得好，可以将阻力化为助力，帮你解危化险。克制，乃为人的一大智慧，它有助于人们在攀登理想境界的征途中，消除情感世界不可避免的潜在危机。因而，对于一个成功的开拓者来说，它既是实现既定目标的保证，又是取得更大成功的起点。假如李渊当初听了隋炀帝的话，怒火中烧马上与之理论或采取兵变，很可能会因为准备不足，时机不成熟而失败。一旦失败，则永无机会从头再来了。

生活中，面对不同的环境、不同的对手，有时候采用何种手段已不太关键，而如何控制好自己的情绪才至关重要。

我们这里讲的忍，是一种等待，为图大业等待时机成熟，谓忍之有道。这种忍，不是性格软弱，忍气吞声、含泪度日之举，而是高明人的一种谋略，是为人处世的上上之策。

漫漫人生路，有太多的不如意，退一步海阔天空，只要不忘记自己的最终使命，你还是你。要能承受别人的嘲笑，这是一种雅量。

守端禅师的师父是茶陵郁山主，有一天骑驴子过桥，驴子的脚陷入桥的裂缝，禅师摔下驴背，忽然感悟，吟了一首诗："我有神珠一颗，久被巨劳羁锁。今朝尘尽光生，照见山河万朵。"

守端很喜欢这首诗，牢牢地背了下来。有一天，他去拜访方会禅师。

方会问他："你的师父过桥时跌下驴背突然开悟，我听说他作了一首诗很奇妙，你记得吗？"

守端不假思索，完整地背诵出来。等他背完了，方会大笑一阵，就起身走了。守端愕然，想不出什么原因。第二天一大早，他就赶去见方会，问他为什么大笑。

方会问："你见到昨天那个为了驱邪演出的小丑了吗？"

"我见到了。"守瑞回答。

方会说："你连他们的一点点都比不上呀。"

守端听了吓了一跳说："师父什么意思？"方会说："他们喜欢人家笑，你却怕人家笑。"守端听了，当场就开窍了。

如果你不能接受一次嘲笑，将会受到别人更多的挑剔和攻击。人生中如果你不能忍一时之痛，那么你的痛苦将是长久的。

其实，人生的各种境遇，都是我们学习的功课；有人能处逆境，却未必能处顺境。一个人以什么样的心态面对自己所处的环境，这就要看他"忍辱"的工夫做得够不够。

善于从屈辱中学习，实在是成就业绩的一个重要因素。

屈辱是一种精神上的压迫，它像一根鞭子，鞭策你鼓足勇气，奋然前行。

从前，有个樵夫和妻子住在小村之外。每天早上，樵夫会出门到森林里砍树，而当傍晚他结束一天的工作回家时，妻子总会煮好一桌热腾腾的可口饭菜等待着他。

一天，樵夫提早收工回家，却意外地由窗外看到妻子和村里的当铺老板在家偷情。他开门的时候，也清楚地听到当铺老板慌忙找地方躲起来的声响。

但樵夫一向是个冷静而幽默的人。他不动声色地走向前拥抱妻子，并且告诉她："森林之神赐了我一对千里眼，我只需要注视一块木头正中央的一个小孔，就能够看见常人看不见的东西。"他又告诉妻子，他发现房间的柜子里藏了一件值钱的东西。这值钱的东西自然指的是那当铺老板。为了证实他的能力，他将柜子上锁，将它扛到当铺的柜台上，向店里的伙计出价 50 个金币，出售柜子和柜里的东西。

接着，樵夫走到外头悠闲地踱步、抽水烟，让伙计慢慢考虑这笔生意。这时，他听到在柜子内闷得发慌的当铺老板高声喊叫，要求伙计快些付赎金，好放他出来。

樵夫用了个巧妙的计谋，使人们印象中小气吝啬的当铺老板为自己的行为"付出代价"。樵夫扭转局势的冷静与机智，不仅使他轻松地赢了 50 个金币，而且无愧良心地报了一箭之仇，如果他在盛怒中杀了当铺老板，恐怕会得不偿失。与此同时，还证明了樵夫的高人一筹，他不担心此事有失面子。此外，樵夫也因此可以更容易地面对或处理自己的痛苦。

人越是在危急的时候，越要保持冷静，从而想出解决危机的办法。樵夫的高明处，就在于在情绪高涨的非常时刻，依然能够保持幽默、以智取胜，控制愤怒的情绪，以一个既实际又能发泄怨气的方法来处理事情。

"永远要提防风"

在克尼斯纳，一个多风的城市，一个老伐木工正在对人们讲解着如何伐树。他特别指出，如果你不知道哪棵树砍了会倒在哪里，那就不要去砍它。

"树总是朝支撑少的那一方倒下，所以你如果想使树朝哪个方向倒下，只要削减那一方的支撑力便成了。"他说。

有一个叫洛克的小伙子半信半疑：如果稍有差错，这棵树就可能一边损坏一幢昂贵的小屋，另一边损坏一幢砖砌车库。

他满心焦虑地在两幢建筑物中间的地上画一条线。那时还没有链锯，伐树主要是靠腕劲和技巧。

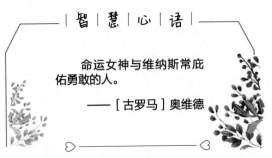

| 智 | 慧 | 心 | 语 |

命运女神与维纳斯常庇
佑勇敢的人。

——［古罗马］奥维德

老伐木工朝双手啐了一下，挥起斧头，向那棵巨松树身底处一米多的地方砍去。他的年纪看来已六十开外，但臂力十足。

半小时过后，那棵树果然不偏不倚地倒在线上，树梢离房子很远。洛克称赞着老伐木工人的砍伐如此准确。老工人没说什么。不到一个下午，他已将那棵树伐成一堆整齐的圆木，又把树枝劈成柴薪。洛克告诉老工人，他绝对不会忘记这次砍树的经历。

他举起斧头扛在肩上，在他转身离去的时候突然说："我们运气好，没有风。永远要提防风。"

老伐木工的言外之意，洛克在数年后接到关于一个心脏移植病人的验尸报告时才忽然明白。

那次手术想象不到得顺利，病人的复原情况也极好。然而，忽然间一切都出现了不正常，病人死掉了。

验尸报告指出病人腿部有一处微伤，伤口感染了肺，导致整个肺丧失机能。那老伐木工的脸暮地在洛克脑海中浮现。他的声音也响起来："永远要提防风。"

简单的事情，基本的道理，需要智慧才能领悟。那个病人的死，惨痛地提醒我们功亏一篑这个道理。纵使那个伤口对健康的人无关痛痒，却可以夺走那个病人的命。

那老伐木工和他的斧子可能早已入土。然而，他给洛克留下了一个训诫，待洛克得意之时用来警惕自己。人人都得意扬扬，洛克会紧紧盯着镜子里的影子，对自己说："我们这回运气好，没有风。"

如果你成功了，也不要得意，对自己说上一句："我这回运气好，没有风。"

午夜的音乐酒吧，朋友们在热热闹闹地唱着歌，跳着舞。阿健是今晚的焦点，大家是来为他饯行的。

阿健几杯酒下肚，只觉青春的激情都给燃烧起来了。明天就要远行，南下广东，去寻找新的生活，想想就觉得热血沸腾。

与几个哥们儿吼了一曲《一无所有》之后，阿健觉得喉咙有些干，从人群中退出找水喝，发现小敏一个人坐在一个不起眼的角落，看着大伙劲歌热舞，仿佛局外人似的。

阿健端着一杯水走过去，坐在小敏对面："别独自抒情了，祝福我几句吧。"

小敏笑了笑，举起杯对阿健说："好吧，祝你远走高飞，一去不回，锦绣前途，大展宏图，富贵两全，花好月圆，够了吗？不够再加。"

两人都笑了起来。"真伤心，"阿健喝了口水，说，"凭咱俩的感情，却讨来这么几句假惺惺的空话，不够朋友。"

小敏是阿健的红颜知己。两人在大学同是三叶草乐队的主力，小敏曾以一曲阿健创作的《远方的歌谣》夺得校演唱会大奖。朋友们都说阿健和小敏是一对，但两人都不承认，按阿健的解释，是那种"比爱情少一点，比友情多一点"的关系。

小敏不笑了，望着阿健："为什么一定要走？"

阿健像发表演说似的，慷慨激昂起来："这座小城容不下我的理想，我要干大事业，待在这里简直是埋没人才！"

小敏缓缓地转动手中的杯子，说："给你讲个故事吧。一个旅行者来到一个城市，问当地一个老人：'这里的人怎么样？'老人反问：'你刚才经过的那座城市的人怎么样？'旅人回答：'险恶、奸诈，难以相处。'老人说：'这儿也一样。'

"另一个旅行者来到这座城市，说刚经过那座城市的人善良、热情、真诚待人，问这座城市的人如何。同样是这座城市，同样是这个老人，同样是这样的回答：'这儿也一样。'"阿健默不作声。盯着杯子看了好一会儿，一口将杯中水饮尽，说："谢谢你这个故事，它是我收到的最好的礼物。"

小敏还想说些什么，人群中有人朝这边喊："喂，那两位同志，别只顾说悄悄话了。下面我们欢迎小敏唱那首《远方的歌谣》好不好？""好！"朋友们报以热烈的掌声。

小敏站起来，叫控制台放音乐，走上台说："唱首有伴奏的吧。"熟悉的旋律响起，是小敏最喜欢的《一样的月光》。阿健仍坐在原处，默默地听聚光灯下的小敏唱着："……一样的笑容，一样的泪水，一样的日子，一样的我和你……"

阿健看着窗外，一轮圆月高挂中天。多好的月光啊！他的心中突然有了一种不一样的感觉。

永远有未来

爱迪生过55岁生日的时候，在庆祝会上，有一位老友问他："你已经功成名就，该安享晚年了，有什么打算吗？"

"不，我不打算开始休息，我的人生每一年都是刚刚开始，从现在到75岁，我要把时间用在工作上，"爱迪生继续说，"至于说业余时间，我要学桥牌。85岁的时候我要学会打高尔夫球。"

有人又问他："90岁以后做什么呢？"爱迪生耸耸肩，说道："我定计划从来不会超过30年！"

当爱迪生过75岁生日的时候，又有人问起他未来的计划。

爱迪生回答说："我相信竭尽所能地工作会带给我快乐，

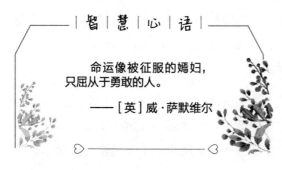

| 智 | 慧 | 心 | 语 |

命运像被征服的嫣妇，
只屈从于勇敢的人。

——［英］威·萨默维尔

如果有足够的时间，我仍有数不清的构想，够我忙上另外好几百年的。"

果然，爱迪生从 80 岁开始人造橡胶的实验，直到 84 岁去世前不久，他仍然在工作。

工作本身是辛苦的，但对有的人来说，它是幸福的。幸福的秘诀是他把工作当作了追求人生目标的手段，投入了整个生命，因而永远有热情，永远有快乐。

幸福并不等于优越的物质条件。很多时候，我们处在什么样的环境中真的不是很重要，最重要的是要保持良好的心态，幸福其实就是你自己的感觉。

修斯先生是一个身材矮小且下肢有残疾的人，但他靠信心和认真的工作态度获得了别人的尊重。

修斯是个工作狂，哪怕天气很恶劣，他也绝不旷一天工，总能按时到办公室。这可不是件简单的事。碰上冰天雪地的日子，即使有人搀扶，修斯先生也走不稳。这种时候，他的儿子就用车推着他穿过纽约市布鲁克林的街道，把他送到地铁站口。他总是紧紧抓住入口阶梯边缘的栏杆，一步一步往下走，一直走到地铁隧道里冰融的地方。

修斯先生从不觉得自己是个令人怜悯的对象，对那些幸福而健全的人，他也从未流露出任何嫉妒之情。他总是在别人身上寻找善良的地方，总是心怀感激地感谢别人的帮助。这样，他的心中总是充满快乐、祥和和幸福。

残疾人在一般人的眼里是不幸的，但有些健全人却没有残疾人幸福，因为在这些健全人的生活中充满了争斗、算计和遥不可及的目标，而在那些残疾人的生活中却随处可见善心、信心和认真的工作态度。

有一只小老鼠告诉父母，它要去海边旅行。它的父母听后大声说道："真是太可怕了！世界上到处充满了恐怖事物，你万万去不得！""我决心已定，"小老鼠坚定地说，"我从未见过大海，现在应该去看看了。你们阻拦也没用。""既然我们拦不住你，那么，你千万要多加小心啊！"小老鼠的爸爸妈妈忧心忡忡地说。

次日，小老鼠就上路了。第一天，小老鼠就碰到了麻烦和恐惧：一只猫从树后跳了出来。它说："我要让你填饱我的肚子。"这对老鼠来说，真是性命攸关。

小老鼠拼命地夺路逃跑，尽管一截尾巴落到了猫嘴里，但总算是幸免一死。

第二天，小老鼠又遭到了鸟和狗的袭击，它不止一次被逼得晕头转向。它遍体鳞伤，又累又怕。

第三天，小老鼠慢慢爬上最后一座山，展现在它眼前的是一望无际的大海。

它凝视着拍打岸边的一个接一个翻滚的浪花。蓝天里是一片色彩缤纷的晚霞。"太美了！"小老鼠禁不住喊了起来，"要是爸爸和妈妈现在同我在一起共赏这美景该有多好啊！"海洋上空渐渐出现了月亮和星星。

小老鼠静静地坐在山顶上，沉浸在静谧和满足之中。

人生犹如一艘航行的船只，旅途中你会遇到风浪、暴雨、暗礁，只有不畏艰辛，不怕困难，保持耐心，你才会走向美好的人生彼岸。

那是马克 11 岁那年初春的一天，和煦的阳光静静地照耀着树林，在地上投下长长的影子。马克的舅舅带着马克穿过树林去钓鱼，这是马克第一次钓鱼。一路上，树叶苍翠欲滴，十分悦目；花儿鲜妍可爱，芬芳醉人；鸟儿们叽叽喳喳，欢喜不已。

舅舅特意把马克安排在最有利的位置上。马克模仿别人钓鱼的样子，甩出钓鱼线，在平静的水面上快速地抖动鱼钩上的诱饵，眼巴巴地等候鱼儿前来咬食。好一阵子，什么动静也没有，马克不免大为失望。"再试试看。"舅舅鼓励马克道。

忽然，诱饵上下跳动。"这回好啦，"马克想，"总算来了一条鱼！"他赶紧猛的一拉鱼竿，岂料扯出的却是一团水草……马克一次又一次地挥动发酸的手臂，把钓线抛出去，但总是空空如也。马克心里沮丧极了。"再试一遍，"舅舅安慰他说，"钓鱼需要耐心。"突然间，鱼钩下沉而且向深水跑去。马克连忙往上一拉鱼竿，立刻看到一条逗人喜爱的小鱼在阳光下活蹦乱跳。"舅舅！"马克欣喜若狂地喊道，"我钓住了一条鱼！"

马克话还没说完，就见小鱼鳞光一闪，便不见了。马克提起鱼竿时，发现钓线上的鱼钩不见了。眼看到手的鱼又失去了，功亏一篑的马克感到分外伤心，满脸沮丧地一屁股坐在草滩上。舅舅重新替他缚上鱼钩，安上诱饵，又把鱼竿塞到他手里。"记住，小家伙，"舅舅意味深长地说，"在鱼儿尚未被拽上岸之前，千万别以为你已经钓着了鱼。得意、吹嘘往往会使你掉以轻心，功亏一篑。"

选择生活

　　在纽约布鲁克林的贫民区里，住着一个名叫里迪克的黑人青年，他的童年缺乏爱抚和教育，跟别的坏孩子学会了逃学、破坏财物和吸毒。里迪克刚满 12 岁就因为抢劫一家商店被逮捕了；15 岁时因为企图撬开办公室里的保险箱再次被捕；后来，又因为参与对邻近的一家酒吧的打劫，被作为成年犯送入监狱。

　　佩顿是一位成功人士，年轻时也曾失足入过狱，出狱后经过自己的努力，经营着一家大的企业。现在他心甘情愿地做志愿者，关心这些失足的孩子。一天，佩顿到监狱来看望里迪克。看到里迪克在玩美式足球，便对他说："你是有能力的，你有机会做些你喜欢的事，不要自暴自弃！"

智 | 慧 | 心 | 语

命运是不太妨害智者的，因为智者的最高利益总是由理智做指导的。

——[古希腊]伊壁鸠鲁

里迪克反复思索佩顿的这席话，他突然意识到自己具有一个囚犯能拥有的最大自由：我现在是没有自由，但我能够选择出狱之后干什么，我能够选择不再成为恶棍，我也能够选择重新做人。

尽管里迪克曾陷于生活的最底层，尽管他曾是被关进监狱的囚犯，然而，5 年后，里迪克成了全美明星赛中纽约队的队员。

幸福是自己追求来的，是奋斗出来的。对于生活，我们有选择权，我们能够选择改变平庸的生活，我们能够选择获得幸福的生活。但如果放弃了这种权利，你将什么也得不到。

罗伯特唯一的女儿到了谈婚论嫁的年龄。女儿对两个追求者难以做出选择，于是决定邀请他们两位到家里来。

到了晚上，一位大鼻子的男青年准时来到，不一会儿又来了一位金发男青年，虽然晚来了几分钟，也没有引起罗伯特父女的反感。

"请坐，孩子们，你们都爱上了我女儿，都想向她求婚是不是？"

两个青年都点点头表示同意。于是父亲就开始问话。

"你们认为自己是哪一种人？"

"我认为我是好人。"大鼻子青年先回答。

"我只是一个普通的人。"金发青年淡淡地回答。

罗伯特对大鼻子青年说："你说说看，你好在哪里？"

"我勤奋工作，有着良好的修养，没有不良嗜好，从不抽烟喝酒，更不追求女人和赌钱。按这些标准来看，我认为我是一个'好人'。"循规蹈矩的大鼻子青年慢条斯理地说着。

"你说你是一个普通的人。怎样才算是一个普通的人呢？"罗伯特问金发青年。

"普通的人首先是一个性情中人。当我工作时我就工作，当我休息时我就休息。"

"当我高兴时我就喝上一两杯酒；当我思考问题的时候，我就享受吞云吐雾的感受；当我愤怒时，我也许会骂上一两句。"

罗伯特听完后就站起来。

"孩子们，我明白你们了。现在我要让我女儿自己做出决定。"

罗伯特走到女儿的房间告诉女儿：选择一个人就是选择一

种生活方式，自己的生活方式应该由自己做出选择。我只想问你一句话：

"女儿，你是想过一种规规矩矩的生活呢，还是想过真正的生活？"

幸福是做一个普通人，而不是做一个别人眼里的好人，就像快乐的生活是普通的生活，而不是人为设置许多框框的生活。

威廉·瑞格理：错出来的成功

1876 年，一位 20 来岁的年轻人只身来到芝加哥，想找一份体面的工作。但他一无文化，二无特长，为了生存，只好帮商店卖起了肥皂。随后，他发现发酵粉利润高，立即倾其所有购进了一批发酵粉。结果他发现自己犯了一个错误：当地做发酵粉生意的远比卖肥皂的多，自己根本不是他们的对手。

眼见着发酵粉若不及时处置，将损失巨大，年轻人一咬牙，决定将错就错，索性将身边仅有的两大箱口香糖贡献出来，凡来本店惠顾的客户，每买一包发酵粉，都可获赠两包口香糖。事实证明，小小的口香糖确实帮了他的大忙。两包口香糖的价值虽然不高，但客户们显然对这种人性化推销很是赞赏。很快，他手中的发酵粉处理一空。半年之后，他终于在芝加哥站稳了脚跟。

在随后的经营中，年轻人又发现，口香糖在市面上已经越来越比发酵粉好卖。他当即脑筋一转，又集结起所有的家当，把宝押在了口香糖上。营销过程中，他积极听取顾客的意见，配合厂家改良口香糖的包装和口味。后来他感觉这种配合局限性很大，索性自己办起了口香糖厂。1883 年，他的

"箭牌"口香糖正式面世。但在当时，市场上的口香糖已有10多个品种，人们对这支生力军接受的速度非常慢，他一下子又陷入了困境。这时候，他想了一个更为冒险的招数：搜集全美各地的电话簿，然后按照上面的地址，给每人寄去4块口香糖和一份意见表。

这些铺天盖地的信和口香糖几乎耗光了年轻人的全部家当，同时，也几乎在一夜之间，"箭牌"口香糖迅速风靡全国。到1920年，"箭牌"口香糖年销售量已达到90亿块，成为当时世界上销售量最大的产品。这位惯于"错中求胜"的年轻人，就是"箭牌"口香糖的创始人威廉·瑞格理。

在接下来的大半个世纪，"箭牌"口香糖又作出过几次错误的决定：20世纪60年代，公司投资1000多万美元成立了保健产品分部，并推出了抗酸口香糖，但由于糖里添加了有争议的药物成分，新产品还没上市便被查禁；为了抢占市场优势，他们曾投入巨资，大胆收购一些竞争对手，以致几度陷入严重的经营和生产危机。

错误百出的"箭牌"最后的命运如何呢？到今天，"箭牌融入生活每一天"的广告词已经家喻户晓，"箭牌"口香糖也已实现年销售额逾50亿美元的骄人业绩。说起成功的奥秘，第三代传人小瑞格理一语道破了天机，那就是"大胆犯错"——须知机遇只有在犯错的过程中才能发现，只有经历错误的尝试，才能清晰地找准成功的方向。

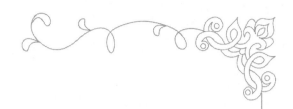

PART 05
我们的忍耐和爱，
要留给那些值得的人

感恩是一种处世哲学，更是一种人生智慧。我们是否常有愿望，却少有感恩？此时，你若开始用一颗感恩的心凝视这个世界，并超越世俗的斤斤计较与冤冤相报，你将会发现，有太多可以感恩的事。学会了感恩，你会得到更多的恩惠。

人生最大的光荣，不在于永不失败，而在于能屡仆屡起。

——［英］哥尔斯密

怀着一颗感恩的心

　　史蒂文斯在一家软件公司做程序员，已经工作了 8 年。但是有一天，他所要面对的是，他失业了。一切来得都是那么突然，他一直认为自己将会在这个公司工作到退休，然后拿着优厚的退休金养老。然而，这家公司在这一年倒闭了。

　　此时，史蒂文斯的第三个儿子刚刚降生，在他感谢上帝的恩赐的同时，他也意识到：作为丈夫和父亲，自己存在的最大意义，就是让妻子和孩子们过得更好。史蒂文斯迫在眉睫的事，便是要重新找一份工作。

　　他的生活开始变得凌乱不堪，每天最重要的工作就是不断地寻找工作。而他除了编程，一无所长。一个月过去了，依然没有找到适合自己的工作。

一天，他在报纸上看到一家软件公司正在招聘程序员，待遇也不错。于是，史蒂文斯就揣着个人资料，满

怀希望地赶到那家公司。让他没有想到的是，应聘的人多得难以想象，这意味着，竞争将会异常激烈。史蒂文斯并没有退缩，因为肩上的责任不允许他胆怯，他从容地面试，经过简单的交谈，公司通知他一个星期后参加笔试。

出乎意料的是，考官所问的问题和专业竟然没有关系，而是关于软件业未来的发展方向这样的问题，这些是史蒂文斯从未认真思考过的。

虽然应聘失败，可他并没有觉得沮丧，他给公司写了一封信，以表达自己对此的感谢之情。信中写道："贵公司花费人力、物力，为我提供了笔试和面试的机会。虽然落聘，但通过此次应聘使我大长见识，受益匪浅。感谢你们为之付出的劳动，衷心地谢谢你们！"

3个月过去了，在圣诞来临之际，史蒂文斯收到了一张精美的圣诞贺卡，邀请他共同度过圣诞节。原来，这家公司出现了空缺，他们首先想到了史蒂文斯。

这家公司便是世界闻名的微软公司。

以一颗感恩的心面对一切，包括失败。你会发现，人生其实很精彩。

高尚的人

很久以前有个国王，他有三个儿子，每个儿子都很优秀，他不知道自己该把王位传给哪个儿子，于是，他想要同时考验一下他们三个。

一天，国王把三个儿子叫到跟前说："我老了，决定把王位传给你们三兄弟中的一个，但我希望你们三个都到外面去游历一年。一年后回来告诉我，在这一年里，你们所做过的最高尚的事。最后真正做过高尚事情的人，才能继承我的王位。"

三个儿子都出去游历了一年，一年后，他们回到了国王的面前，汇报他们这一年来在外面的收获。

大儿子首先说："这一年中，我曾经遇到一个陌生人，他十分信任我，并让我帮忙把他的一袋金币交给他住在另一镇上的儿子，我把金币原封不动地交给了他的儿子。"国王说："你做得很对，但诚实是做人应有的品德，这称不上高尚的事情。"

> **智｜慧｜心｜语**
>
> 我们要当心命运之神：打了胜仗之后还要提防自己才好。
>
> ——［法］拉封丹

二儿子接着说："我到了一个村庄，刚好碰上一伙强盗打劫，于是，我就冲上去帮村民们赶走了强盗，保护了他们的财产。"国王说："你做得也很好，但救人是你的责任，也称不上是高尚的事情。"

轮到三儿子了，他迟疑了片刻，说："我没有做高尚的事情。只是有一个仇人，他千方百计地想陷害我，有好几次，我差点就死在他的手上。在旅行中的一个夜晚，我独自骑马走在悬崖边，发现那个仇人正睡在一棵大树下，我只要轻轻地一推，他就掉下悬崖摔死了。但我没有这样做，而是叫醒了他。后来，当我下马准备过一条河时，一只老虎突然从树林里蹿出来扑向我，就在我绝望的时候，我的仇人赶过来，一刀结果了老虎的命。我问他为什么要救我的命，他说：'是你先救了我，你的仁爱化解了我的仇恨。'这实在是不算什么高尚的事。"国王严肃地说，"不，孩子，能帮助自己的仇人，是一件高尚而神圣的事。孩子，从今天起，我就把王位传给你。"

不要长久地仇视他人，要懂得用宽容的心、用爱，去看待仇视自己的人，爱能化解仇恨。这样的人才是高尚的人。

爱就像明媚的阳光

"在几个星期前，我听说一个信奉印度教的家庭已经几天没有东西吃了，于是，我拿了一些米去那个家庭，希望可以给他们一点帮助。当我把米给他们之后，在我还没有弄清楚怎么回事的时候，那个家庭中的母亲已经把米分成两份，其中的一份留下来，而另一份则送给周围那些信奉回教的邻居。我不解地问她：'你们家有 10 个成员，而我送给你们的米那么少，这样一分，你们怎么够吃呢？'那个母亲回答：'他们也没有东西吃。'

"在我曾经探访过一座村庄里从没有人关心过的老人，因为没有人关心他的死活。当我进入他的房间时，觉得那只能用一团糟来形容。但我在房间里，看见一盏漂亮的灯，上面

布满了尘埃，我想是几年积攒下来的，便有些好奇地问他：'你为什么不点亮这盏灯呢？'老人

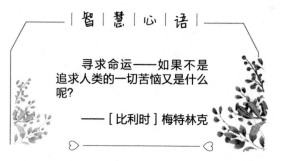

寻求命运——如果不是追求人类的一切苦恼又是什么呢？

——［比利时］梅特林克

回答：'我为谁点它呢？已经有很多年没有人来这里探望我了，我根本不需要它。'我又问他：'如果有一位修女来看你，你会为她点亮这盏灯吗？'老人急忙说：'会，一定会，只要我听到人的声音，就会点起这灯。'几天后，这位老人托人转告我一句话：'请转告我的朋友，她在我生命中燃起的灯，会继续照亮在我心中。'

"一次，我在街上拣到一个六七岁的小女孩，我把她带回教堂，然后给她洗澡，并给她衣服穿，给她好吃的东西，而当晚，这孩子跑了。我把她找回来，但是她一而再，再而三地逃跑。在她这样逃跑很多次后，我派一位修女跟着她，看她到底去哪里，修女在一棵树下找到了她，她和自己母亲、姐妹一起坐在那里，她的母亲正用她在街上捡来的食物做饭。那个时候，我才明白她到底为什么逃跑。她爱自己的母亲，她的母亲也非常爱她。在她们眼中，对方都是美的。"

这些事情是获得 1979 年诺贝尔和平奖的特蕾莎修女在印度的加尔各答布恩施爱时所遇到的事情，她讲述的故事让我们感受到，再简单的生命宴席，也会因爱而倍感丰盛。

威拉德·威根: 在心跳的间隙操刀

他小的时候，由于患有诵读困难症，字母的形状以及单词的拼写在他眼里经常是颠倒着的，以至于他难以正常读写。

他的"与众不同"不仅引来同学们的嘲笑和戏弄，甚至连老师也经常叹息他的弱智。

同学和老师的歧视极大地伤害了他的自尊心，他每天最渴望做的事情就是想办法逃离学校，一个人去公园玩。

一天，他躲在公园的草丛里，看着地上爬来爬去无处安家的蚂蚁，就找来木片给蚂蚁搭建了一个小小的"家"，还给蚂蚁们做了桌椅等家具，甚至做了鞋和帽子。

当看着蚂蚁们在他做的"家"里爬来爬去时，他感受到一种从未有过的快乐和喜悦。自那以后，他开始迷恋起微小事物。

日月更迭，他的诵读困难症虽然已经慢慢消失，但他越来越迷恋微小事物，微雕似乎也就顺理成章地成了他的职业。

　　50岁的一天，他突然萌生了将伦敦的劳埃德大厦仿制到大头针上的念头。虽然他的微雕技艺已经磨炼了几十年，但这次是在大头针上雕刻，并追求微雕与实物比例一致，尤其困难的是，在显微镜下，每次他的手都颤抖得像在地震一样。

　　为避免手颤抖，他每次下刀都要在心跳的间隙进行。最初，因为掌握的时间不够准确，刻刀刻下去常常会引发一场"地震"。

　　他在一次次"地震"中总结着经验。终于，他学会在下刀前让自己平静，也越来越准确地掌握了每一次心跳之间的间隙。他开始在由人造白金和铂制作而成的大头针上雕刻。

　　4个月后，他终于在一根大头针上刻出了一座"劳埃德大厦"。劳埃德大厦的设计师，著名建筑师理查德·罗杰斯看后赞不绝口，连连感慨："我用显微镜反复看了几次，才确信没被自己的眼睛欺骗。它是如此微小、逼真又细节丰富，太神奇了。"

　　不久前，在英国举行的一场拍卖会上，这件被雕刻在一枚大头针上的劳埃德大厦复制品拍出了9.4万英镑的高价。

　　这个在大头针上雕刻劳埃德大厦的人，就是举世闻名的英国微雕大师威拉德·威根。